在河之洲

滨州黄河印象

滨州黄河河务局　编著

黄河水利出版社

图书在版编目（CIP）数据

在河之州：滨州黄河印象 / 滨州黄河河务局编著.
—郑州：黄河水利出版社，2021.6
ISBN 978-7-5509-2935-7

Ⅰ.①在… Ⅱ.①滨… Ⅲ.①黄河－河道整治－
滨州－摄影集 Ⅳ.①TV882.1-64

中国版本图书馆CIP数据核字(2021)第038238号

出 版 社：黄河水利出版社　　网址：www.yrcp.com
地址：河南省郑州市顺河路黄委会综合楼14层　邮政编码：450003
发行单位：黄河水利出版社
发行部电话：0371-66026940、66020550、66028024、66022620（传真）
E-mail：hhslcbs@126.com
承印单位：河南瑞之光印刷股份有限公司
开本：889 mm×1194 mm　1/8
印张：32.5
字数：917千字　　印数：1—2 000
版次：2021年6月第1版　　印次：2021年6月第1次印刷

定价：368.00元

《在河之州——滨州黄河印象》编委会

序言

滨州，渤海之滨，黄河之洲。

自古以来，黄河自青藏高原蜿蜒东下，穿甘陕，越晋豫，历山东注渤海。作为中华民族的母亲河，她以博大的胸怀造就了包括滨州在内的广阔新土地，成为沿黄百姓的生命河。

近代以来，伴随着中华民族多舛的命运，黄河迎来了极度震荡的时期。黑暗永远是黎明的前夜，伴随着中国共产党领导下的抗日战争、解放战争节节胜利，滨州黄河保护治理事业迎来了崭新时代。

1946年，山东省东北部渤海解放区的黄河故道，良田沃野，几十万人耕作生息其间。但国民政府撕毁“先复堤、后归故”的协议，企图水淹解放区。为迎接黄河归故，粉碎国民政府阴谋，渤海解放区沿黄军民在中国共产党的领导下，掀起“复堤自救、反蒋治黄”运动。1946年5月，渤海解放区（包括现山东省滨州市、东营市全境，淄博市、德州市、济南市一部分）成立修治黄河工程总指挥部，同时成立山东省黄河河务局，驻蒲台县城，为治黄常设机构，人民治黄事业自此起步。

山东省黄河河务局成立后，党政军民展开轰轰烈烈的复堤施工。来自渤海解放区19个县的20余万名治黄员工、群众，星夜动员，在县、区干部的带领下，推车挑担，投入修河复堤工程。7月20日，渤海解放区黄河复堤修险工程结束。该工程自5月底动工，在极端困难条件下、国民党军队袭击破坏中，共修做土方416.4万立方米，修险用砖石1.8余万立方米、柳枝240万千克，用工348万个，残堤修复原状，普遍加高1米。同时，修筑垦利西冯、利津南岭子以下新堤140千米，完成了蒲台县麻湾堵口新堤修建和皇坝加修。

1947年8月，黄河归故后的第一个汛期，黄河多次涨水，渤海解放区43处险工相继出险。在抢险料物极度匮乏、敌人不断破坏的情势下，党政军民全力以赴、毫不畏惧，20万民工昼夜在350千米的黄河大堤上奋勇抢险，广大人民献砖献石、支援治黄。经过长达1个多月的紧张抢险、迁民、反特、防空斗争，终于控制各处险情，打退了敌人的骚扰袭击，保住了黄河堤防安全，战胜了黄河归故后的第一次洪水，保卫了渤海解放区。

其间，山东省黄河河务局从蒲台县城辗转滨县孙家楼、利津县三大王村、滨县山柳杜村等地办公，坚强领导山东人民治黄。1950 年 4 月 6 日，山东省黄河河务局（人民治黄初期，单位名称多次变更，后改为山东黄河河务局）由惠民县姜家楼迁至济南市经五路小纬四路 46 号办公。

人民治黄以来，滨州党政军民齐心努力，迭经抗洪风雨，工程历久弥坚；殚精调水泽民，滨州发展劲足。滨州黄河河务局历届领导班子团结带领干部职工学习贯彻中央精神，全面落实水利部部署，严格执行黄河水利委员会要求，在山东黄河河务局和滨州市委、市政府的正确领导下，坚持稳中求进工作总基调，以确保黄河防洪安全、供水安全、生态安全为目标，全面加强防洪工程建设，全力做好水旱灾害防御和水资源管理调度，推进工程管理标准化、河道管理规范化、治黄工作信息化，加快发展行业经济，持续改善行业民生，规范完善行业管理，聚力打造河道安澜、水质达标、生态健康、人水和谐、文化传承的幸福河，推进黄河治理体系和治理能力现代化，各项工作保持奋发向上的良好局面，取得显著成绩。

防洪工程体系初步建成，防洪能力明显提升。人民治黄 75 年来，特别党的十八大以来，国家高度重视黄河工程治理体系建设，投资 7.5 亿元开展黄河下游滨州河段“十三五”防洪工程建设，形成了 12 米宽堤顶、80 米至 100 米宽淤背区的标准化堤防，滨州市 134 千米堤防、险工、淤背区达到标准化堤防标准（尚余部分河道整治工程列入“十四五”计划），黄河堤防已成为防洪保障线、抢险交通线和生态景观线，工程抗击洪水能力显著增强。

战胜历年洪水，实现伏秋大汛岁岁安澜。人民治黄 75 年来，按照“安全第一，常备不懈，以防为主，全力抢险”的防汛工作方针，不断健全和完善“行政首长负总责、河务部门当参谋、各有关部门紧密配合、全社会共同参与”的防汛管理机制，认真抓好思想、组织、队伍、料物和技术“五落实”，扎扎实实开展各项防汛准备工作。依靠较为完备的防洪工程体系和非工程措施，滨州市沿黄党政军民严密防守，战胜花园口水文站10000立方米每秒以上大洪水12次，实现了75年伏秋大汛岁岁安澜。圆满完成历次黄河调水调沙任务，河道平滩流量由不足3000立方米每秒提高到目前的5000立方米每秒，河槽泄洪能力明显提高，初步实现由控制洪水向管理洪水的转变。

科学管理调度黄河水资源，推进水资源节约集约利用。自1956年开始大规模引黄灌溉以来，滨州地区共建引黄涵闸14座，设计引水能力516立方米每秒，引黄灌溉面积38.6万公顷，370万人口受益。近年来，按照习近平总书记提出的“以水定城、以水定地、以水定人、以水定产”原则，在黄河水利委员会的正确领导，山东黄河河务局的具体指导，滨州市委、市政府的大力支持下，滨州黄河河务部门统筹调度黄河水资源，倡导珍惜保护黄河水资源，实施避峰错时引水、大流量远距离输水、河道外生态补水，提高供水效率，极大缓解滨州近年来频发的严重旱情，为粮食丰产丰收提供了水资源保障。通过实施河道外生态补水，滨州沿黄县（区）生态湿地以及沾化、无棣等黄河三角洲北部重盐碱区生态得到修复，生物多样性得到恢复性保护。

实施严格的河道管理制度，维护河流生态健康。党的十八大以来，滨州黄河河务局认真贯彻实施《水法》《防洪法》等水法规，坚持以法治思维和法治方式治河管河，推进落实黄河河长制，构建检察院、法院、公安、黄河河务部门黄河河道生态环境保护执法联勤联动工作机制，加强黄河河道内建设项目监管，集中力量清除河道“四乱”问题，配合水利部开展河道岸线专项治理，恢复并保持良好的河道管理秩序。加强滩区生态环境管理，杜绝点、线污染源，实现黄河河道零污染，维护并促进河流生态健康。

实施生态廊道建设，打造“走近黄河”名片。滨州黄河河务局按照“建管并重”方针，以确保黄河工程安全运行、充分发挥工程效益为中心，不断强化工程管理，保持工程完整，提高工程抗洪强度，改善工程面貌。邹平、惠民、滨开、博兴4个县级黄河河务局获得“国家级水利工程管理单位”称号，建成滨州黄河、邹平黄河2处国家水利风景区以及打渔张森林公园4A级景区，853.33公顷淤背区全部实现生态绿化，沿黄植树

300万株，形成了临河防浪林、堤肩行道林、淤背区适生林“三位一体”的绿化工程体系。在蓝天、大地之间，滚滚黄河与绿色长廊相映成趣，成为滨州市民休闲旅游的首选之地。依托黄河生态工程，滨州市委、市政府积极打造“走近黄河”城市名片，推进点、线、面结合的黄河文化建设，推动黄河文化保护、传承和弘扬，黄河滨州河段已经成为具有滨州黄河特色的文化长廊、绿野景观、宜居福地。

习近平总书记“让黄河成为造福人民的幸福河”的伟大号召，吹响了落实黄河流域生态保护和高质量发展重大国家战略的冲锋号，为黄河保护治理提供了重大历史机遇，赋予了新内涵，明确了新任务。

文化是一个国家、一个民族的灵魂。新时代、新任务、新要求，需要我们大力传承好治黄文化，深入挖掘重大治黄实践中蕴涵的造福人民的理念、系统治理的思想和不屈不挠的精神等文化要素，将其内化为精神追求，外化为实际行动，不断增强广大黄河职工干事创业的积极性、主动性和创造性，形成一支坚强有力的黄河保护治理“铁军”，确保关键时刻拉得出、顶得上、打得赢，为新时代黄河保护治理提供坚强有力的队伍保障。

大河滔滔，滚滚东逝，犹如一首慷慨激昂的史诗，带走了诸多不幸与惆怅，留下了丰富的治黄成果和伟大的“黄河精神”。在乘势而上开启全面建设社会主义现代化国家新征程、向第二个百年奋斗目标进军的第一年，滨州黄河全体职工将继承和发扬一辈辈治黄人忠于职守、甘于奉献、勇于担当的精神，全面落实黄河流域生态保护和高质量发展重大国家战略，解放思想、求实创新，上下同心、担当作为，规范管理、加快发展，奋力开创滨州黄河保护治理和高质量发展新局面，以优异工作成绩向中国共产党成立100周年、人民治黄75周年献礼！

2021年5月

目录

第三章　经济发展强基础

第四章　文以载道行致远

第五章　同心共建绘幸福

第六章　河海相济惠滨州

第一章 千年黄河迎新生

黄河宁，天下平。自古以来，中华民族始终在同黄河水旱灾害作斗争。

20 世纪中期，伴随着中华民族的内忧外患，人民治黄事业起步于苦难、发展于抗争、繁荣于盛世，在质的飞跃中，铭刻一首中华儿女不屈不挠奋斗前进的精神史诗，书写一部以人为本兴利惠民的时代凯歌，开启了治河为民的新纪元。

从 1946 年中国共产党领导下的治河机构在战火硝烟中成立，开始“反蒋治黄”斗争，到黄河下游三次大复堤，再到印发《黄河治理开发规划纲要》，防洪标准实现跃升，人民治黄岁岁安澜；从黄河为害一方，到编制《黄河综合利用规划》，怀揣造福人民的梦想，持续探索建设引黄工程，惠及两岸；从断流频仍到水资源统一调度、水资源节约集约利用，再到黄河流域生态保护和高质量发展，黄河保护治理决策均被纳入国家经济和社会重大发展计划，及时付诸实施，中国共产党领导下的治黄事业始终凝聚艰辛、砥砺前行，除害兴利、恩泽华夏。

滨州，渤海革命老区中心区、渤海解放区党委机关驻地，在与敌斗、与水斗的紧要关头，人民治黄的伟大征程在这里开端起步；新中国成立，百废待兴，打渔张灌区引黄闸开创大规模引蓄黄河水之先河，兴水惠民梦想在这里求索前行；无数治黄前辈在这里辗转奔走；纪念 1948 年黄河大汛中牺牲烈士的“高万林坝”在这里命名流传……

了解历史，关切现实，映照未来。回望治黄历程，翻开档案记忆，珍贵的画面凝结史实、浓缩空间，陡增中华儿女同心同力治河护河的信心和决心。

现今的滨州黄河职工以史资政、以史励人、以史为鉴，秉承治理黄河为人民之初心，秉承新时代黄河流域生态保护和高质量发展新使命，站位时代要求、人民期待、改革发展，按照“全面规划、统筹安排、标本兼治、除害兴利”原则，在实践中奋进，在探索中突破，在创新中传承，积极构建新发展格局，不忘初心、牢记使命，留下了鲜明的印记。

归故谈判步维艰

暗潮涌动风起云，立事成功尽远图。

1938 年 6 月 9 日晨，国民政府掘堤制敌，扒开黄河南岸花园口大堤，以阻日军西进南下，黄河夺淮入海，形成举世闻名的黄泛区。抗日战争胜利后，国民政府妄图“以水代兵”，修复花园口大堤，引黄归故，水淹渤海解放区。

中共中央从全局出发，表明不反对黄河归故的立场，同时与国民政府展开旷日持久的谈判，于 1946 年 4 月 7 日和 15 日，相继达成《开封协议》《菏泽协议》，明确“先复堤浚河、整理险工地段、迁移河床居民，待复堤工程竣工后再行花园口大堤合龙”的原则。

事与愿违。在渤海解放区群众复堤动员准备时，国民政府单方否定《菏泽协议》，发布“黄河堵口、复堤，决定两个月同时完成”的消息，加速花园口堵口。

事态升级，再次谈判势在必行。5月18日，国共双方就复堤、迁移救急、堵口问题再次达成《南京协议》。之后，针对国民政府多次违反协议的行为，双方相继又进行了上海、张秋、邯郸会谈。

1946 年，渤海解放区参议长李植庭（前排左 4）、山东省黄河河务局局长江衍坤（左 2）与前来了解复堤情况的联总代表傅莱（左 5）、巴比德（左 6）合影
（来源：《人民治理黄河六十年》）

1947 年 3 月，花园口堵口工程即将合龙
（来源：《人民治理黄河六十年》）

1946年5月18日，周恩来与联合国善后救济总署中国分署代理署长福兰克芮、工程顾问塔德关于黄河问题达成口头协议。周恩来在协议原稿上书"照写一份，原稿存"。

董必武与解放区救济总会部分成员在上海"周公馆"合影。前排左起为董必武、赵明甫、林仲，后排左起为成润、王笑一、纪锋。

1946年6月25日，董必武关于黄河复堤工款问题致国民党行政院善后救济总署署长蒋廷黻函。

1946 年，联总官员哈维奇、汤马斯一行到渤海解放区了解救济物资和黄河修治情况
（原藏：渤海革命老区纪念园）

创业艰难百战多

筚路蓝缕启修治，硝云弹雨砥砺行。

因黄河南流8年之久，山东故道千余千米旧堤经战争破坏和风雨侵蚀已经残破不堪，原有堤防设施基本荡然无存。河床内土地大部分开垦为农田，新建村庄1400余个，约有60万人在其中居住耕作。黄河归故，首当其冲危及的是渤海解放区军民。中共中央一方面与国民政府反复磋商会谈，争取时间；一方面筹建黄河治理机构，加紧修堤迁移。1946年3月，渤海行署开始着手黄河治理机构的筹备工作。不久，山东省渤海区修治黄河工程总指挥部即告成立，由李人凤任指挥，王宜之、高兴华任副指挥。4月15日，垦利、利津、蒲台、惠民、齐东等县建立治河办事处，负责本辖区黄河治理工作，各县县长兼任办事处主任。5月14日，山东省黄河河务局成立，江衍坤为局长、王宜之为副局长。

1947年3月15日6时，花园口堵口工程合龙。河水于3月9日到达泺口，21日入渤海解放区，河宽200米，水深涨至4米。洪水演进期间，渤海解放区沿黄被淹村庄103个，受灾群众2.5万人，倒塌房屋2.3万间，淹没良田、耕地1.67万公顷，损失惨重。

与洪水争速度、为解放战争抢时间，以复堤整修、抢险自救为中心的“反蒋治黄，保卫家园”的战斗号角响彻大河。面对国民党军队的封锁和军事骚扰，以及整修抢险砖石料物的紧缺形势，沿河民众踊跃献砖献石，治河修堤大军“一手拿枪，一手拿锨”，在350余千米的堤线上展开大规模复堤修险运动。5月底动工至7月底结束，20余万名治黄职工和群众在极端困难条件下，共修做土方416.4万立方米，修险工用砖石1.8万余立方米、柳枝240万千克，用工348万个，残堤修复原状并普遍加高1米，同时修筑垦利西冯、利津南岭子以下新堤140千米，完成麻湾堵口新堤修建和皇坝加修工程。

经过广大军民的艰苦斗争，渤海解放区取得了黄河归故后接连3个伏秋大汛的抗洪胜利。

1949年复堤运动（原藏：山东黄河河务局档案室）

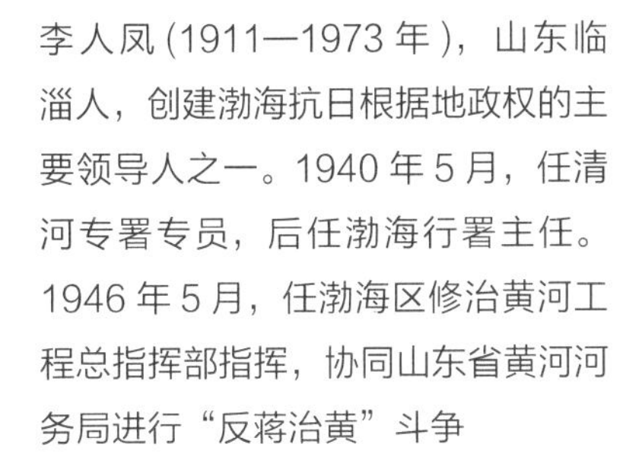

李人凤（1911—1973年），山东临淄人，创建渤海抗日根据地政权的主要领导人之一。1940年5月，任清河专署专员，后任渤海行署主任。1946年5月，任渤海区修治黄河工程总指挥部指挥，协同山东省黄河河务局进行“反蒋治黄”斗争

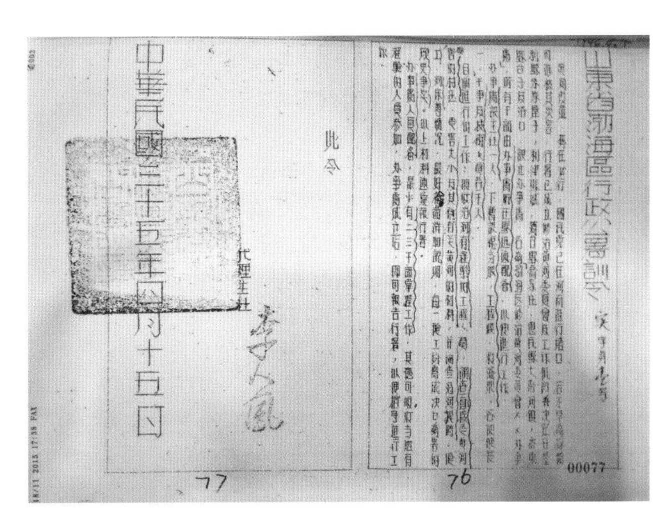

山東省渤海區行政公署

此令

中華民國三十五年四月十五日

李人凤

1946年4月15日，渤海区修治黄河委员会代理主任李人凤签署成立沿黄各县办事处（原藏：黄河档案馆）

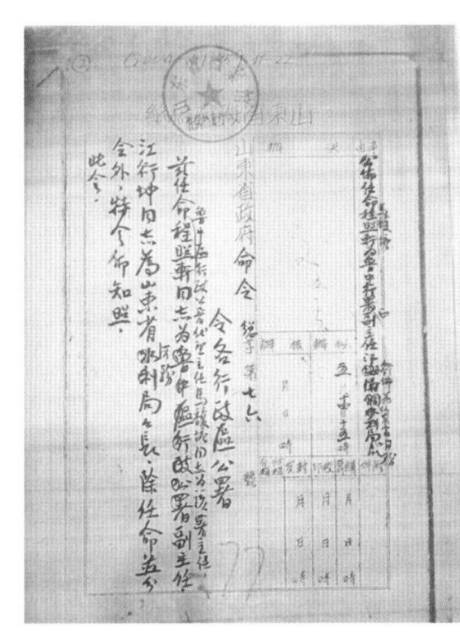

民国三十五年（1946年）江衍坤任命书（之一）（原藏：黄河档案馆）

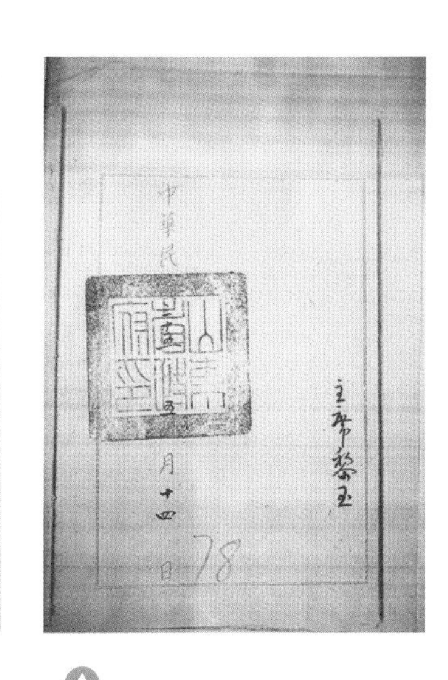

江衍坤任命书（之二）（原藏：黄河档案馆）

1946年5月，山东省黄河河务局在蒲台县城成立，江衍坤（手托腮者）任局长

复堤除险

渤海解放区河防队守护大堤（原藏：渤海革命老区纪念园）

国民政府堵复花园口后，派遣军队、特务轰炸、扫射、屠杀修守黄河堤防的干部、民工。（来源：《黄河》）

1947 年 6 月，利津县宫家险工紧张施工（孟繁俭 / 供图）

民工用灯台硪（又称片硪）将土方层层夯实
（来源：《人民治理黄河六十年》）

1947 年 6 月，利津县綦家嘴险工修坝工地
（崔光 / 供图）

01 1946年7月5日，利津县黄河河工劳动模范与行政负责人合影（崔光/供图）

02 1947年，渤海解放区男女老幼齐上阵，献砖献石抢修黄河大堤（原藏：山东黄河河务局档案室）

03 渤海解放区群众将各种砖石人抬肩扛送上坝头（原藏：山东黄河河务局档案室）

滚滚黄河水沿黄河故道流入渤海解放区（孟繁俭 / 供图）

黄河归故后被淹的村庄

渤海解放区政府组织船只抢救河道内未能及时迁出的居民（转载自《黄河》）

1947 年，渤海解放区军渡场景（原藏：山东黄河河务局档案室）

吹响人民治黄的号角（原藏：山东黄河河务局档案室）

1947 年 6 月 1 日，利津复堤硪工队合影（孟繁俭 / 供图）

1949年，运送抢险料物（原藏：山东黄河河务局档案室）

来自渤海贸易公司，沾化、垦利、利津、惠民等县的132辆胶轮大车将抢险料物源源不断运往坝头

山东黄河航运队组织木船运送石料等抢险料物

惠济县谷家险工抢险（李林秋 / 供图）

1948 年，捆枕抢险（原藏：山东黄河河务局档案室）

修做柳石枕（原藏：山东黄河河务局档案室）

推枕入水（原藏：山东黄河河务局档案室）

麻湾北坝头抢险

1949年9月14日，黄河花园口断面出现12300立方米每秒洪峰流量。22日，洪峰到达泺口，洪峰流量7410立方米每秒，相应水位32.33米，超过1937年麻湾决口时的水位0.21米。麻湾险工北坝头发生重大险情，大溜紧逼坝头，埽前水深12米，前沿全部墩蛰入水。万分危急时刻，蒲台县委书记洪坚、县长李子元，山东省黄河河务局垦利分局副局长田浮萍，蒲台治河办事处主任李秀峰坐镇现场，龙居、乔庄两乡民工1000余人、水手50余人、干部和工人160余人组成抢护大军。

北坝头连续抢护至9月20日9时，新做搂厢土胎忽然蛰陷，木桩拔出，绳索崩断，随时都有跑埽的危险。李洪德奋不顾身站上即将沉入水中的埽面，指挥进料。经过十几个小时奋战，险情有所控制。至18时，刚稳住的埽坝由于大溜冲击，出现整个埽体“仰脸”“簸簸箕”险情，埽体与土胎脱节过溜。李洪德再次不顾个人安危，站上埽体指挥。这时，忽听“啪！啪！”几声，绳断桩崩，手疾眼快的李希忠一把抓住李洪德，全力将他拉到岸上，未等转身，整个埽体已被激流冲跑。

坝身严重坍塌，蒲台县黄河防汛抢险指挥部采纳堵口专家薛九龄的意见：后退30米，加速备料，重开新埽抢护。经3天3夜奋勇抢护，险情始转危为安。

修做挑水坝

运料队伍源源不断

1949 年 9 月，麻湾险工北坝头抢险期间，沿河群众运送秸料（原藏：黄河档案馆）

博兴县妇女抢运秸料

大批防汛料物送到堤防险工

春修工程

山東省渤海區行政公署令

總字第十二号

為了統一黃河春修工程的領導，特決定成立渤海區治黃總指揮部，王卓如同志任總指揮，江衍坤、錢正英二同志為副總指揮，仰即知照

此令

主任 王卓如

中華民國三十八年三月十六日

1949年3月，为了统一黄河春修工程，渤海行署成立渤海区治黄总指挥部，王卓如任总指挥，江衍坤、钱正英任副指挥

1949年，人民治黄初期使用的夯具（原藏：山东黄河河务局档案室）

1949年，渤海解放区人民使用灯台硪夯实堤防（原藏：山东黄河河务局档案室）

1949年，改进的碌碡夯具（原藏：山东黄河河务局档案室）

高万林坝

1948 年，黄河大汛，河水迅猛上涨，滨县张肖堂险工 7 号坝埽突然墩蛰。紧要时刻，高万林带领滨县治河办事处工程队队员及治河群众奋勇捆厢抢护。因捆厢绳拉断，他同赵连枝、王镇刚一同落入黄河急流中，其他两人得救，高万林不幸牺牲，年仅 25 岁。为了纪念高万林的英勇行为，张肖堂险工 7 号坝自此被命名为“万林坝”，滨县人民政府追认他为革命烈士、治黄一等功臣。2019 年 10 月，滨州黄河河务局又命名张肖堂险工 7 号坝为“高万林坝”。

修做柳石搂厢抢修埽坝（原藏：山东黄河河务局档案室）

滨州黄河张肖堂险工“高万林坝”（刘策源 / 供图）

三庆安澜

安澜会议，庆安澜、搞总结、作动员。经过广大军民的艰苦斗争，渤海解放区取得了黄河归故后接连3个伏秋大汛的胜利。为总结经验、鼓舞斗志，山东省黄河河务局先后于1947年11月、1948年12月和1949年12月召开黄河安澜庆祝大会，总结治河经验，表彰治河功臣。

自1946年渤海解放区成立山东省黄河河务局、沿黄各县相继组建治河办事处，截至1949年，山东省黄河河务局在职干部、工人已达3000余名，这是山东黄河第一代职工，是战胜黄河洪水的主要技术骨干；沿黄村队16岁～55岁的男子一律入编防洪队，承担黄河防汛抢险任务；人民解放军在战争年代边打仗边治黄，是抗洪抢险的中坚力量。黄河职工、沿黄群众、人民解放军“三位一体”的治黄大军，是战胜黄河洪水的可靠保证。

1948年12月4日，山东省黄河河务局在滨县山柳社村召开黄河安澜庆祝大会并表彰抢险立功的干部职工（原藏：山东黄河河务局档案室）

1949 年 12 月 21 日，山东省黄河河务局在惠民姜楼召开黄河安澜庆祝大会（原藏：山东黄河河务局档案室）

1949 年 12 月 21 日，山东省黄河河务局表彰治河功臣（原藏：山东黄河河务局档案室）

初心如磐担使命

1949 年 6 月，华北、中原、华东三大解放区联合成立治河机构——黄河水利委员会，前排左四为时任山东省黄河河务局局长的江衍坤（原藏：山东黄河河务局档案室）

岁月峥嵘，而屡更精力勤劳。时光荏苒，直挂云帆济沧海。

1946 年 5 月 14 日，山东省黄河河务局成立，驻蒲台县城，为常设治黄机构。1947 年 5 月，山东省黄河河务局机关迁往滨县孙家楼办公；1947 年 8 月，迁至利津三大王村；1948 年 2 月，再迁往滨县山柳杜村；1949 年 3 月 25 日，又迁至惠民县姜楼村。

1950 年 3 月 29 日，山东省黄河河务局改称山东黄河河务局。

1950 年 4 月 6 日，山东黄河河务局机关自姜楼村迁至济南市经五路小纬四路 46 号；1959 年 3 月 24 日，迁往青岛路山东省水利厅；1963 年 2 月 9 日，迁至济南市东关青龙后街 4 区 1 号；后迁到现址济南市黑虎泉北路 159 号。

1947 年 5 月，山东省黄河河务局孙家楼办公旧址（李振平 / 摄）

1947 年 8 月，山东省黄河河务局从滨县孙家楼村迁至利津县三大王村办公，卫生所设在大牛村。图为卫生所旧址（崔光 / 供图）

1948 年 2 月，山东省黄河河务局山柳杜村办公旧址（尹祥国 / 摄）

山东省黄河河务局办公旧址——姜楼教堂神甫楼（刘策源 / 摄）

只争朝夕砺初心，不负韶华履使命。

1949 年 11 月 25 日，山东省黄河河务局奉山东省政府指示，加强河防领导，成立清河分局，辖高青、齐东、章历县治河办事处，局长石凤翙，副局长蔡恩溥；设垦利分局，局长田浮萍，副局长张汝淮，驻利津县城，辖惠民、滨县、蒲台、利津、垦利 5 个治河办事处，1950 年 4 月迁至滨县北镇义和街办公。

1950 年 7 月 26 日，山东黄河河务局令，清河分局改称齐蒲黄河修防处，辖齐东、高青、蒲台 3 个黄河修防段；垦利分局改称惠垦黄河修防处，主任田浮萍，辖惠民、滨县、利津、垦利 4 个黄河修防段，驻北镇义和街。

1953 年 3 月 18 日，山东黄河河务局通知，齐蒲黄河修防处撤销与惠垦黄河修防处合并，改称惠民黄河修防处，驻北镇义和街，辖惠民、滨县、利津、垦利、齐东、高青、蒲台 7 个黄河修防段，田浮萍任黄河修防处主任。

1958 年 11 月 20 日，山东省水利厅黄河河务局通知，随行政区划变动，惠民黄河修防处更名为淄博黄河修防处，主任张汝淮（1955 年 10 月 11 日任惠民黄河修防处主任）。

1961 年 1 月 27 日，根据行政区划调整，山东黄河河务局报经黄河水利委员会同意，淄博黄河修防处改称惠民黄河修防处。

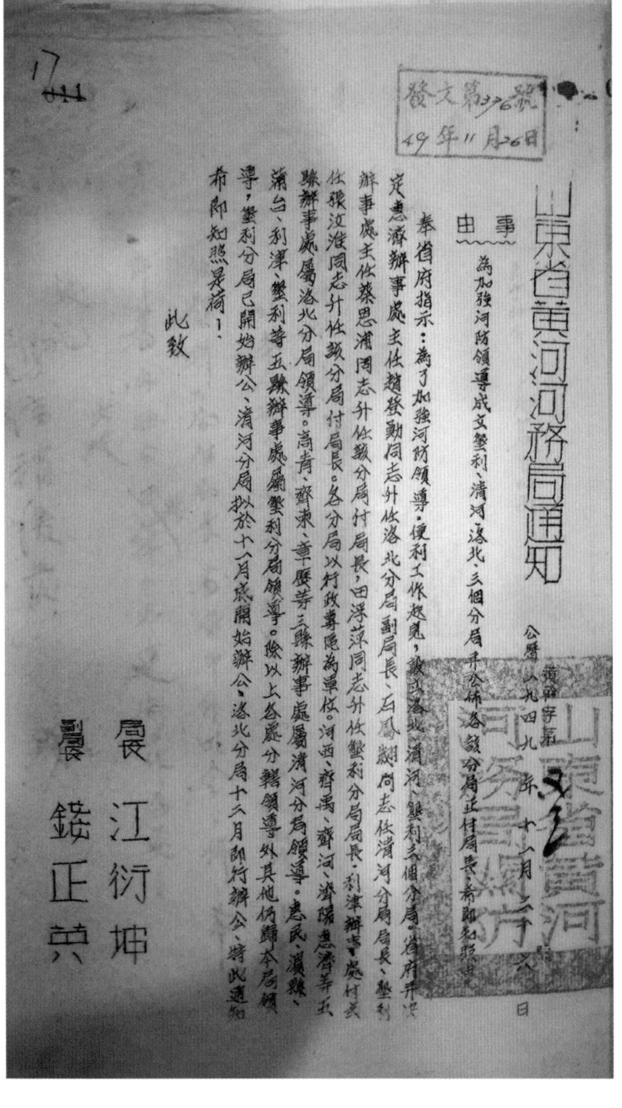

發文第376號
49年11月26日

山東省黃河河務局通知

公曆一九四九年十一月二十八日

事由：為加強河防領導成立墾利、清河、洛北三個分局并令佈各該分局正付局長希即知照由

奉省府指示：為了加強河防領導，便利工作起見，設立洛北、清河、墾利三個分局。省府并決定惠濟辦事處主任趙發勳同志升任洛北分局副局長、石鳳翙同志任清河分局局長、墾利辦事處主任蔡恩溥同志升任該分局付局長，田浮萍同志升任墾利分局局長、利津辦事處付主任張汝淮同志升任該分局付局長。各分局以行政專區為單位。河西、齊禹、齊河、濟陽、惠濟等五縣辦事處屬洛北分局領導。高青、齊東、章歷等三縣辦事處屬清河分局領導。惠民、濱縣、蒲台、利津、墾利等五縣辦事處屬墾利分局領導。除以上各處分轄領導外其他仍歸本局領導。墾利分局已開始辦公、清河分局擬於十一月底開始辦公、洛北分局十二月即行辦公，特此通知，希即知照是荷！

此致

局長 江衍坤
副局長 錢正英

垦利分局成立文件（滨州黄河河务局前身）

田浮萍，原名初保庆，山东省博兴县人，1920 年 4 月 15 日生，中国共产党党员。1939 年 1 月，参加革命工作；1940 年 3 月后，历任博兴县七区区委书记、区中队指导员，蒲台县委宣传部部长，蒲台县委委员、蒲台治河办事处主任，惠垦黄河修防处主任、中共惠民地委委员，黄河水利委员会工务处处长、党组成员、工程局副局长，河南黄河河务局副局长、党组成员，山东黄河位山工程局局长、党组书记，山东黄河河务局局长、党组书记等职，在黄河保护治理的设计、施工、防汛决策和管理方面，积累有益经验并有创举，业绩曾入编大型文献《中华魂——中国百业领导英才大典》《中国改革经纬录》和《中国老年人才库》。1984 年，离休。2009 年 1 月 8 日，去世。

张汝淮，山东青州市何官镇人，1922 年 1 月生，中国共产党党员。1940 年 7 月，参加工作，先后任寿光县区公所会计、寿光县政府统计员、清东专署统计股长；1942 年 7 月至 1944 年 8 月，任渤海行署工作队组长、垦利县人民政府财粮科副科长；1944 年 9 月至 1948 年 1 月，任利津县人民政府财粮科科长；1948 年 2 月至 1949 年 10 月，任利津治河办事处主任；1955 年 10 月，任惠民黄河修防处主任；1965 年 11 月，任惠民专员公署副专员；1973 年 8 月至 1984 年 8 月，任山东黄河河务局副局长、党组副书记。1984 年 9 月，离休。2009 年 1 月 13 日，去世。

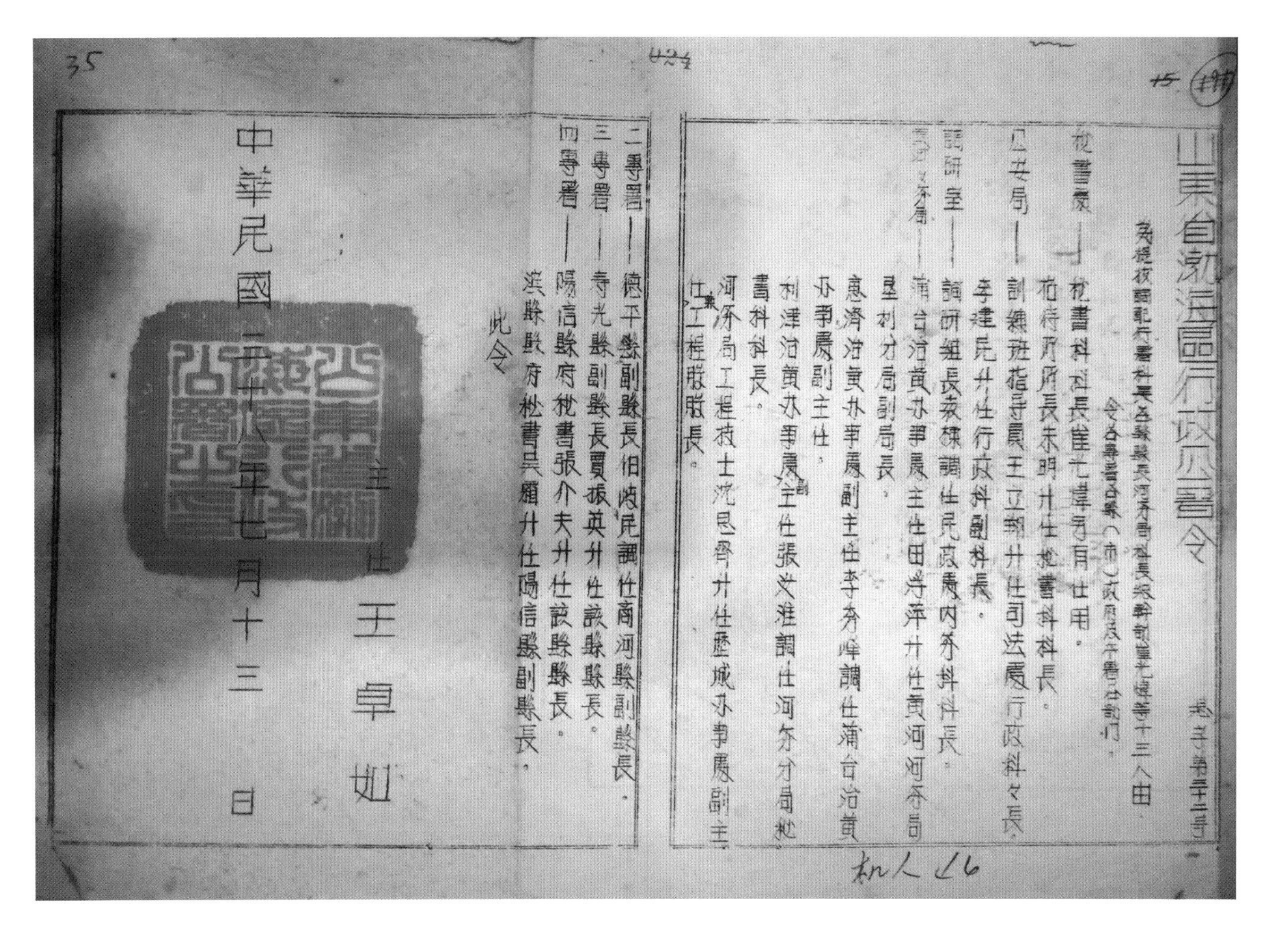

山東省渤海區行政公署令　秘字第三十三號

為提拔調配行署科長各縣縣長河務局科長幹部崔光煒等十三人由

令各專署各縣（市）政府及本署各部門

秘書處——秘書科科長崔光煒另有任用。范待府府長朱明升任秘書科科長。

公安局——副總班指導員王立華升任司法處行政科科長。李建民升任行政科副科長。

調研室——調研組長袁棣調任民政處內務科科長。

黃河河務局——蒲台治黃辦事處主任田寿萍升任黃河河務局墾利分局副局長。惠濟治黃辦事處副主任李秀峰調任蒲台治黃辦事處副主任。利津治黃辦事處副主任張汝淮調任河務分局秘書科科長。河務局工程技士沈恩普升任歷城辦事處副主任兼工程股股長。

二專署——德平縣副縣長伯斌民調任商河縣副縣長。

三專署——壽光縣副縣長賈振英升任該縣縣長。

四專署——陽信縣府秘書張介夫升任該縣縣長。濱縣縣府秘書吳耀升任陽信縣副縣長。

此令

主任　王卓如

中華民國三十八年七月十三日

1949 年 7 月 13 日，渤海行署主任王卓如签发江衍坤、张汝淮任命

（原藏：黄河档案馆）

此照片摄于 1946 年冬，前排中为利津县抗日民主政府首任县长王雪亭，后排左二为利津县财粮科科长张汝淮。前面小朋友为王雪亭之子。据张汝淮长子张忠回忆，当时所穿大衣为缴获的战利品。王雪亭时年 34 岁，居长；张汝淮 24 岁

（张忠 / 供图）

1948 年 11 月，利津治河办事处机关人员合影。中排左一为薛其汉、左三为张裕东、左四为张汝淮、左七为刘洪彬，后排左三为宗树立，前排右二为宋佃胜。此图为张汝淮珍藏图片（张忠 / 供图）

1952 年 12 月，齐蒲黄河修防处整党运动胜利结束（张春利 / 供图）

1955 年 11 月 28 日，惠民黄河修防处全体同志欢送田浮萍（二排左五）调任黄河水利委员会工作

（惠民黄河河务局 / 供图）

1958 年 9 月 21 日，参加惠民黄河修防处技术与文化革命促进大会的代表合影

（惠民黄河河务局 / 供图）

第二章 治黄事业起宏图

铭记伟大胜利，推进伟大事业。人民治黄的实践证明，科学治河是治黄事业发展的基本遵循，统筹兼顾是治黄事业发展的重要方法，依法治水是治黄事业发展的关键所在，团结治水是治黄事业发展的坚强支撑。

一个时代有一个时代的主题，一代人有一代人的使命。滨州黄河职工赓续相传、躬耕不辍，从人民治黄的伟大事业中、从中国共产党全心全意为人民服务的根本宗旨和长期实践中，汲取智慧力量，凝聚人心共识，增进信心决心恒心，谋事干事敢担事，敬业立业创新业，贯彻落实“创新、协调、绿色、开放、共享”发展理念，坚持综合治理、系统治理，瞄准防洪防凌抗旱减淤各目标，落实管水护堤治滩各环节，尊重自然规律，促进多赢共赢；坚持多轮驱动、科学引擎，将生态空间管控、法治科技支撑、信息化业务耦合有机结合起来，锐意进取、开拓创新，奋力推进黄河治理体系和治理能力现代化。

爬过一道道坡，迈过一道道坎，滨州黄河保护治理事业已由高速发展、可持续发展转向高质量发展：标准建设固堤坝，“水上长城”锁“黄龙”；生态优先精管护，“绿色飘带”绕两岸；清淤开闸涌金浪，水长泽长欢笑常；立法执法清河乱，幸福河畔幸福长；创新减负提效能，水情工情云端看；一站管理繁化简，“神经末梢”全覆盖……

大鹏一日同风起，扶摇直上九万里。新时代新作为新担当，当代滨州黄河职工正加紧擘画生态保护和高质量发展“十四五”蓝图，奋力续写更多更精彩的“黄河故事”。

抗洪抢险保安澜

黄河滨州河段属弯曲型河段，为近河口河道，北拥渤海，贯穿城市，地理位置独特，夏防伏汛，冬御冰凌，水旱灾害防御责任重大、使命在肩。

防汛无小事，安全重于天。配合较为完备的防洪工程体系，滨州黄河职工不断健全和完善“行政首长负总责、河务部门当参谋、各有关部门紧密配合、全社会共同参与”防汛管理机制，全面抓好组织、思想、队伍、料物和技术“五落实”，认真做好“安全第一，常备不懈，以防为主，全力抢险”的防汛准备工作等非工程措施，团结协作、严密防守，战胜了花园口水文站 10000 立方米每秒以上的大洪水 12 次，实现了伏秋大汛岁岁安澜。2002 年以来，滨州黄河职工圆满完成历次黄河调水调沙和防洪防凌实战演练任务，河道平滩流量由 2002 年的不足 3000 立方米每秒提高到目前的 5000 立方米每秒，河槽泄洪能力明显提高，初步实现由控制洪水向管理洪水的转变。

探摸根石（董连旺 / 摄）

洪水中探摸根石 （原藏：山东黄河河务局档案室）

通过修做沙盘模拟防御洪水（原藏：山东黄河河务局档案室）

水中查险（原藏：山东黄河河务局档案室）

滨城黄河河务局采用无人机巡堤查险
（滨城黄河河务局/供图）

惠民黄河河务局职工雨中巡查（刘策源/摄）

滨州黄河捆抛柳石枕演习
（吴加元 / 摄）

2007 年汛期，滨城王
大夫控导工程抛石护根
（李林秋 / 摄）

防汛队伍是确保黄河防洪抢险安全的重要力量。多年来，滨州黄河河务局本着提升战斗力的原则，积极探索各类防汛队伍改革。

2015 年，滨州黄河河务局经对山东黄河河务局原第三、第十一专业机动抢险队调研，结合实际，抽调技术骨干和具有抢险经验的职工，整合成立滨州黄河河务局黄河专业机动抢险队，常设机构有综合科、技术科、设备物资管理科和 2 个抢险分队，下设指挥、技术管理、机械抢险、人工抢险、后勤保障 5 个职能组。抢险队员实行“一岗双责”，日常在原单位正常工作，防汛需要时集中培训、演练并参加抢险。为了解决配备问题，抢险队积极联系社会机械设备，落实各类大型机械设备 94 台（套），达到一旦需要可以随时调用的要求。

武警部队历来是抗洪抢险的突击力量，主要承担重大险情抢护、群众迁移安置、紧急救护等任务。2016 年 5 月，滨州黄河河务局按照山东省防指要求，积极协调武警滨州支队组建黄河防汛抢险突击队，开展技术培训和实战演练，使武警部队在黄河抗洪抢险中发挥了更大作用。

1991 年，惠民地区黄河河务局抢险队员（滨城黄河河务局 / 供图）

惠民黄河河务局防渗护堤抢险演练（曹川 / 摄）

柳石枕运料（兰智辉 / 摄）

铅丝笼备料

捆抛铅丝笼
（吴加元 / 摄）

手硪打桩
（吴加元 / 摄）

练
就
过
硬
本
领
保
卫
邹
民兵防

黄河民兵抢险队是黄河防汛抢险的基本力量，经过多年培训，已经能够熟练掌握防汛抢险的基本知识和技能。

随着机械化抢险成为抗洪抢险的主要手段，滨州黄河河务局大胆尝试，于2015年6月，协调滨州市防指发布《关于组建黄河机械化抢险队的意见》。当年7月，滨州沿黄各县（区）共组建黄河机械化抢险队16支，并全面落实了抢险设备。

邹平民兵应急抢险队（王璞/摄）

黄河民兵抢险队演练冲锋舟救援（李林秋/摄）

01 屡建功勋的惠民民兵抢险队（李林秋 / 摄）

02 惠民黄河河务局职工在滨州军分区“渤海尖兵”民兵比武中斩获佳绩（路培浩 / 供图）

03 邹平民兵抢险队队员编铅丝网片（王璞/摄）

04 2010 年，民兵演习布桩
（李林秋/摄）

迎战 1958 年洪水

1958 年 7 月 17 日 17 时，黄河花园口断面出现 22300 立方米每秒洪峰，23 日洪峰进入惠民专区，30 万人投入抗洪斗争。惠民专区防汛指挥部发布第一号命令，限令各县突击完成险工埽坝加高及虹吸、涵闸防护工程，加修子埝，备足抢险料物，严密组织巡堤查险、摸水。

24 日 20 时，清河镇水位涨至 21.33 米，惠民专区堤防全面吃紧，防守队伍增至 42 万人，昼夜巡堤查险，严密防守，抢护险情。

26 日 19 时，黄河洪峰安全入海。至此，42 万防汛大军已顽强拼搏 6 昼夜，共抢修子埝 378 千米，修筑后戗 21 千米，加高加固埽坝 453 段，险工、护滩抢险 1649 段次（包括白龙湾险工漏洞 1 处），平工抢险 260 处，共用土料 100 余万立方米、石料 1.48 万立方米，确保了堤防安全。

山东军民全力以赴加高堤防坝岸

抢修子埝（原藏：山东黄河河务局档案室）

军民上堤防汛

夯实堤防（原藏：山东黄河河务局档案室）

水中打桩抢险 （原藏：山东黄河河务局档案室）

决胜“96·8”

1996年7月31日至8月1日，黄河中游及三门峡至花园口区间普降中到大雨，局部暴雨到大暴雨。

8月5日15时，黄河花园口水文站出现第1号洪峰，流量7860立方米每秒，相应水位94.70米，超过1958年22300立方米每秒洪峰水位0.31米，洪峰流量小、水位高、传递慢。

13日3时30分，花园口水文站再现5560立方米每秒的第2号洪峰，相应水位94.11米。此次洪峰传递速度较快，于16日在孙口水文站和艾山水文站之间，与第1号洪峰汇合。

20日22时45分，利津水文站洪峰流量4130立方米每秒，水位达14.70米，与1976年8020立方米每秒流量的历史最高水位基本持平。

由于水位高、持续时间长，洪水偎堤长度103.09千米（险工26.70千米），偎堤水深2.00米左右，最大水深4.00米。滨州地区防洪工程出现大量险情，滩区遭受严重损失。

洪水过境期间，滨州各县（区）防指领导日夜驻守黄河防汛指挥部坐镇指挥，沿黄各县（区）有关部门领导和乡镇领导全部上堤办公。时任水利部副部长、国家防总秘书长周文智和山东省副省长邵桂芳，先后于8月15日、21日两次赴滨州地区，检查指导抗洪和滩区群众生活安置工作。

党政军民团结奋战，最终夺取了抗洪抢险的全面胜利。

抛石护坝（李林秋/摄）

01 水利部原副部长周文智、山东省原副省长邵桂芳指导滨州市小街护滩汛情（袁方惠 / 摄）

02 滨州地委领导察看小街护滩汛情（袁方惠 / 摄）

03 惠民于王口滩被淹群众搬迁（袁方惠 / 摄）

04 惠民位台护滩工程抢险

2020 年防御大洪水实战演练

2020 年 6 月 24 日，黄河水利委员会 2020 年防御大洪水实战演练启动，滨州黄河河务局迅速进入战备状态，上下联动、齐心协力，与地方政府协同协作、严阵以待，筑牢防汛抢险阵地，交出了一份满意的“大考”答卷。

演练期间，滨州黄河河务局领导班子成员多次深入一线，查河势、水情、工情；成立南、北两个督查组，实时督促落实防汛值守、工程巡查、涉水安全等措施，立查立改；启动全员岗位责任制，取消双休日和公休假，累计投入查险、防守人员 1640 人次，指挥、巡查、防守指导 4135 人次。

滨州市委、市政府以及山东省滨州军分区领导先后实地察看河道过流情况，沿黄 6 县（区）16 个乡镇办负责人均现场勘查防洪工程，调度指挥防汛。实战演练的 20 天里，滨州各级行政领导亲临一线指挥 100 余人次；滨州市应急管理局、水利局会同黄河河务局联合办公，一天一调度，并开展滩区迁安专项督查；27 支民兵抢险队伍计 944 人严阵以待，50 余名民兵抢险队员、40 余名黄河专业抢险队员现场演练打桩、捆抛柳石枕等防汛抢险技术。

经滨州市各级、各方共同努力，实战演练顺利，河畅民安，实现了预期目标。

黄委副主任牛玉国、山东黄河河务局局长李群检查指导滨州黄河实战演练（成志 / 摄）

党员巡堤查险（滨城黄河河务局 / 供图）

01 抢堵生产堤串沟（赵然然 / 摄）

02 惠民王平口控导工程抢险

03 标记水位
（滨城黄河河务局 / 供图）

破冰排凌

每年凌汛期，滨州黄河各级河务部门均组织实施冰凌观测与普查，包括封冻河段的冰厚分布、冰花分布、封冰特征、冰质冰貌、过流状况等，准确掌握凌情，并根据气象和水情条件，分析研判河道封冻发展变化趋势，提出有效的防凌措施。

01

02

03

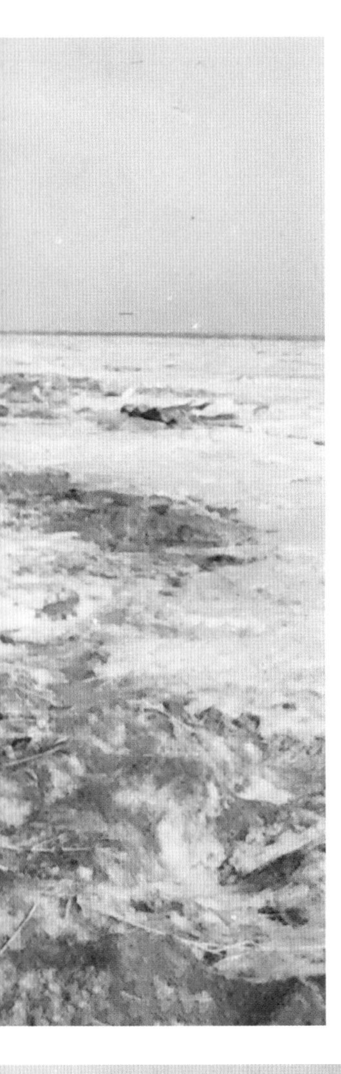

01 防凌指挥
（原藏：山东黄河河务局档案室）

02 大河冰封
（原藏：山东黄河河务局档案室）

03 1958 年 1 月，“克凌一号”破冰船在利津义和庄以下河段破冰 58 千米
（原藏：山东黄河河务局档案室）

04 惠民黄河河务局白龙湾职工测冰
（刘策源 / 摄）

05 邹平黄河河务局工作人员在旧城护滩观测冰凌（邹平黄河河务局 / 供图）

06 黄河冰凌（刘杰 / 摄）

安放炸药 （原藏：山东黄河河务局档案室）

起爆场景 （原藏：山东黄河河务局档案室）

打冰沟撒土（灰）加速冰融 （原藏：山东黄河河务局档案室）

黄河冰凌爆破是黄河下游防凌安全的重要保障。但随着国家对爆破作业管制趋严，黄河河务部门较难取得相关资质和许可，原有爆破队难以为继。滨州黄河河务局决定与地方具有爆破资质的企业联合组建黄河冰凌爆破队。经调研、协商，滨城黄河河务局与邹平永安爆破工程有限公司联合建成邹平永安爆破工程有限公司滨州黄河冰凌爆破队，并联合出台了《黄河冰凌爆破队管理办法》。

滨州黄河冰凌爆破队由 43 人组成，其中邹平永安爆破工程有限公司员工 13 人、滨城黄河河务局职工 30 人。公司员工负责落实爆破物资的购置、运输、管理及办理相关手续，具体实施爆破作业；黄河河务职工负责冰凌勘查、冰孔布设、安保和后勤等工作。

2015 年 11 月，滨州黄河冰凌爆破队组织了首次技能培训和模拟演练。

01 冰孔布设演习（吴加元 / 摄）

02 模拟冰上运送炸药（吴加元 / 摄）

03 队伍集结（吴加元 / 摄）

王庄堵口

1951年2月2日黄昏，大块冰凌壅上堤顶，黄河利津河段20千米河槽内积冰如山。23时，王庄险工下首380米处，背河堤脚出现漏洞。因险情发展迅速，近400名民工及抢险队员奋力抢护未能奏效，于3日1时45分溃决。

3月21日，王庄堵口工程开工，国家拨款480万元，责成山东省人民政府组成堵口指挥部负责施工。当年，7000余技工和民工由原溃决口门东、西坝头修做裹头，接续相向分正、边坝进占，正坝抛柳石枕合龙，边坝下占合龙。合龙成功后，修复口门大堤并相应加固工程。

4月1日，两坝开始进占、抢堵，6日晚进占完成，7日7时合龙占到底，9日抢堵闭气。5月20日，堵口工程全部结束，共修做土方24万立方米，耗用秸料190万千克、石料4200立方米、木桩1.2万根，用工24.8万个。从决口到堵口合龙历时64天，灾区退水迅速，麦苗返青，春耕春种未受太大影响。

黄河职工带着马灯开展防凌巡查 （原藏：山东黄河河务局档案室）

迫击炮炸冰 （原藏：山东黄河河务局档案室）

冰凌爆破 （原藏：山东黄河河务局档案室）

五庄堵口

1955 年 1 月 29 日 21 时，黄河利津五庄大堤背坡普遍冒水，抢堵无效，于 23 时 30 分溃决，形成两个口门，共宽 585 米。凌洪经徒骇河入海，伤及利津、沾化、滨县 380 个村，17.70 万人受灾，33.59 万公顷土地被淹，5355 间房屋倒塌，80 人死亡。

2 月 17 日，河道开通，凌汛结束。

3 月初，五庄堵口指挥部调集利津、滨县、惠民、齐东、博兴、蒲台和高青 7 县 6600 名民工堵复口门，5 月底完成。

堵口老年技术职工合影，二排左五为薛九龄（原藏：山东黄河河务局档案室）

薛九龄，滨州市北镇红旗街人，任五庄堵口技术总指导，以 73 岁高龄，顶着七级北风，冒着漫天飞雪，盯靠堵口工地。成功合龙后，山东黄河五庄堵口指挥部赠给他紫檀“堵口纪念杖”一柄（原藏：山东黄河河务局档案室）

堵复现场（原藏：黄河档案馆）

事预则立

居安思危，思则有备，有备无患。

当前，黄河防汛抢险物资实行“国家储备、社会团体储备、群众备料相结合”的原则，采取“分散储备与集中储备相结合”的储备管理方式。

近年来，滨州黄河河务局提出“社会企业代储和加大资金储备比例”的思路，以及“以企业储备为主、加大企业储备数量，以行政手段和法律手段相结合的方式，保证防汛抢险物资落实到位”的建议。同时，提出加强水旱灾害防御主管单位对防汛抢险物资信息的掌握能力，确保各类防汛抢险应急物资随时拉得出、用得上。

20 世纪 70 年代开始，黄河防汛石料已由帆船改为机船运送，90 年代以后，渐为汽运替代。图为 1985 年运石料的机船在王庄险工坝头卸石（崔光 / 摄）

山东黄河河务局航运大队防汛船舶　（原藏：山东黄河河务局档案室）

山东黄河航运船只
（原藏：山东黄河河务局档案室）

1947 年 6 月，山东省黄河河务局成立航运科，之后组建山东黄河河务局航运大队，负责防汛抢险物资调运和支前军运任务。

1949 年 3 月，山东省黄河河务局在济南成立黄河航运公司，洛北、清河、垦利分局各成立航运科，管理黄河航运、造船、渡口及支前军运，并兼营社会物资运输。

1952 年 9 月，山东黄河河务局除保留航运大队为治黄服务外，将黄河航运管理业务和渡口全部移交山东省交通厅；11 月，平原黄河河务局撤销，其所属航运一大队划归山东黄河河务局领导。至此，山东黄河河务局拥有 2 个专业航运大队，航运科船只仍属黄河河务部门管理，作为黄河防汛抢险和运输石料的专业力量，遂改称山东黄河河务局航运大队。

黄河航运自 1947 年 2 月 26 日起步至 1985 年，共运输黄河防汛抢险和工程用石 166.2 万立方米。后因桥梁增多，陆路运输业日渐发达，黄河航运渐渐失去功能，终于 20 世纪 90 年代末撤销机构，人员分散安置。

01 应急保障设备（兰智辉 / 摄）

02 防汛物资（林渊 / 摄）

03 整齐的备防石（马文忠 / 摄）

01 运送石料的小火车 （张春利 / 供图）

02 20 世纪 80 年代末的滨州黄河防汛指挥车（滨城黄河河务局 / 供图）

03 21 世纪初的防汛抢险车队（滨城黄河河务局 / 供图）

04 现代化防汛抢险车辆（滨城黄河河务局 / 供图）

防洪工程大建设

谁兴水利济河滨，旱潦应资蓄泄功。

这里寄托着安澜续流初心，这里担负着护民惠民使命，这里是黄与灰搏击的战场，这里是绿映蓝和谐的长廊，这里被誉为“水上长城”，这里是黄河人誓守的阵地。

新中国成立后，在“宽河固堤”治河方针指导下，根据黄河河道不断淤积抬高趋势和不同时期的防洪标准，滨州黄河两岸堤防进行了3次大规模的复堤工程建设。进入21世纪以来，滨州黄河河务局大力实施标准化堤防建设，经过多年精心施工和重点建设，辖区共有各类堤防143.94千米，其中设计防洪标准为11000立方米每秒的临黄堤133.93千米、非临黄堤10.01千米。经过持续修整、拓延、新（改）建，滨州黄河形成了包括堤坊、险工、控导和分滞洪工程在内的较为完备的防洪工程体系，成为重要的防洪保障线、抢险交通线和生态景观线，确保了黄河岁岁安澜。

碌碡硪夯实堤防，提高工效

01 1949年以后，在复堤工程中采取多劳多得的“包工包做”办法，极大地调动了群众积极性。图为复堤收工的治河民工拉着“包工包做”所得粮食回家

（来源：《人民治理黄河六十年》）

02 木制“小土牛”是20世纪50年代初上土的主要工具（原藏：黄河博物馆）

03 采取抽槽换土方式加固堤防薄弱堤段

04 第一次大复堤中，上土工具多是木轮小平车，胶轮小推车较少

三次大复堤

惠民地区第一次大复堤始于1950年，止于1957年。

在原有堤防基础上，黄河水利委员会确定1950年春修工程标准是高于1949年洪水水位1.50米。1951年，山东黄河河务局要求保证黄河泺口断面流量9000立方米每秒不发生溃决，以1949年最高洪水水位为标准，以右岸高青、左岸滨县为界，上、下游堤防分别培修超高2.00米和1.50米、平工堤顶宽7.00米，险工堤顶宽7.00米至10.00米、主坝改为石坝。

施工中，重点推行“包工包做，多劳多得，按方结算”工资政策。同时，积极推行工具改革，推广胶轮车运土，淘汰抬筐、挑篮；夯实工具用硪碡硪代替片硪，保证了工程质量，提高了效率。

第一次大复堤完成后，1958年，黄河花园口水文站出现22300立方米每秒洪峰，滨州黄河堤防在出水1.00米至1.50米的情况下，20万防汛大军坚守堤防，及时抢险、维护，战胜了洪水，显示了堤防工程和人民防汛的强大力量。

第二次大复堤始于1962年，止于1968年。

1958年，黄河花园口水文站出现大洪水，堤防全线吃紧。水利电力部、黄河水利委员会指示，黄河下游近期防洪标准以“防御花园口1958年型的洪水为目标，充分利用河道排泄及东平湖调洪，安全下泄入海”，经东平湖分洪后，艾山以下按13000立方米每秒洪水设防。当时推估惠民地区洪水位：杨房22.80米、王旺庄17.90米。按此标准完成复堤工程后，逐级验收，并全面进行普查鉴定，首次建立黄河下游防洪工程档案资料。

施工期间，惠民黄河修防处狠抓劳动力组合和工具改革，开展拖拉机碾压试验，取得积极成效。

第三次大复堤始于1974年，止于1983年。

鉴于黄河下游河道淤积加重、排洪能力降低、河势摆动加剧，1974年，国务院批转4省1部《关于黄河下游治理工作会议的报告》，实施第三次复堤工程，拟以防御花园口水文站22000立方米每秒洪水为目标，经东平湖分洪后，艾山以下按10000立方米每秒控制。堤防按防御1983年艾山下泄流量11000立方米每秒水位的设防标准，堤顶超高2.10米，顶宽平工7.00米、险工9.00米，临河坡1:2.5，背河坡1: 3。

因工程量大、施工期长，不能及早发挥效益，山东黄河河务局报经山东省人民政府批准，第三次大复堤分两期完成，1974年至1981年完成超高1.10米（小标准），1981年至1983年再加高1.00米（大标准）。两期施

01 第二次大复堤中人力推土

02 第二次大复堤时的机械碾压（原藏：山东黄河河务局档案室）

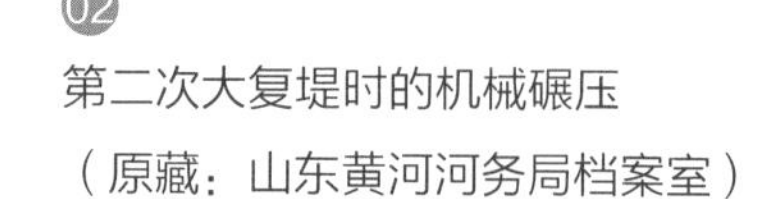

03 第三次大复堤（来源：《人民治理黄河六十年》）

工增加了管理和施工难度，工程用人工胶轮车运土，拖拉机压实。1979 年后，惠民黄河修防处组建 4 个土方机械队投入施工，惠民地区累计出工 60 余万人次，完成土方 5099.40 万立方米，质量合格率 97.6%，圆满完成 10 年规划的修堤任务。

第三次大复堤期间人机配合加固堤防
（滨城黄河河务局 / 供图）

1983 年，第三次大复堤实现机械化
（崔光 / 摄）

锥探灌浆

锥探灌浆是消灭堤身隐患、提高堤防御洪能力的一项有效措施。从 1950 年开始，经过了普锥探查、密锥灌浆和压力灌浆 3 个阶段。1960 年以后，惠民黄河修防处各黄河修防段全面推广压力灌浆，每年组织力量对大堤反复锥探灌浆，特别是每加修一次大堤，都要对新土层及新旧接合部位锥探灌浆；每修建或改建一座涵闸或虹吸工程，均对新填土层和土石接合部位严密灌浆，以期提高堤防御洪强度。

采用大锥锥探堤防。大锥长 10 米，用 16 毫米圆钢制成（来源：《黄河》）

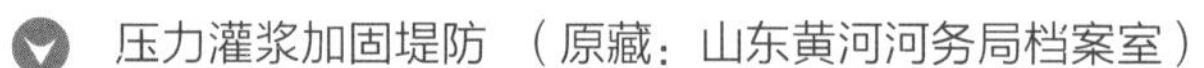

压力灌浆加固堤防 （原藏：山东黄河河务局档案室）

灌浆拌料 （原藏：山东黄河河务局档案室）

人力灌浆（原藏：山东黄河河务局档案室）

锥探（原藏：山东黄河河务局档案室）

在繁重的锥探工作实践中，齐东民工马振西的锥探小组总结创造出“骑马蹲裆式”锥探工作法，收到显著成效。1952 年 8 月 29 日，马振西赴黄河水利委员会出席大堤锥探经验座谈会，介绍和表演这一创新工作法并在全河推广。9 月，马振西出席全国劳模国庆观礼大会后，又转战长江，锥探经验从大河走来，向大江扩展。

马振西锥探小组工作程序演示
（原藏：山东黄河河务局档案室）

机淤固堤

从20世纪70年代初开始，黄河职工自制简易吸泥船，安装6160A型柴油机为动力，用8PSJ和8PN - A型衬胶泵或24A型丰产混流泵抽吸泥沙，并配以高压水枪冲搅河底泥沙，使每立方米黄河水含沙量达到200千克至400千克，通过直径30厘米至40厘米的管道，越堤输沙，建成淤背区，加固堤防。1974年，山东黄河河务局拨付惠民地区一批钢筋混凝土制吸泥船，各黄河修防段相继购置木质吸泥船座机，开始黄河机械抽淤固堤、盖红土的最初尝试。历经40余年，机淤固堤工程有效提高了黄河防洪工程的抗洪强度。

01 2009年，吸泥船施工作业（相树明/摄）

02 博兴黄河河务局职工在船上作业（滨城黄河河务局/供图）

03 20世纪70年代的吸泥船（苏云华/摄）

01

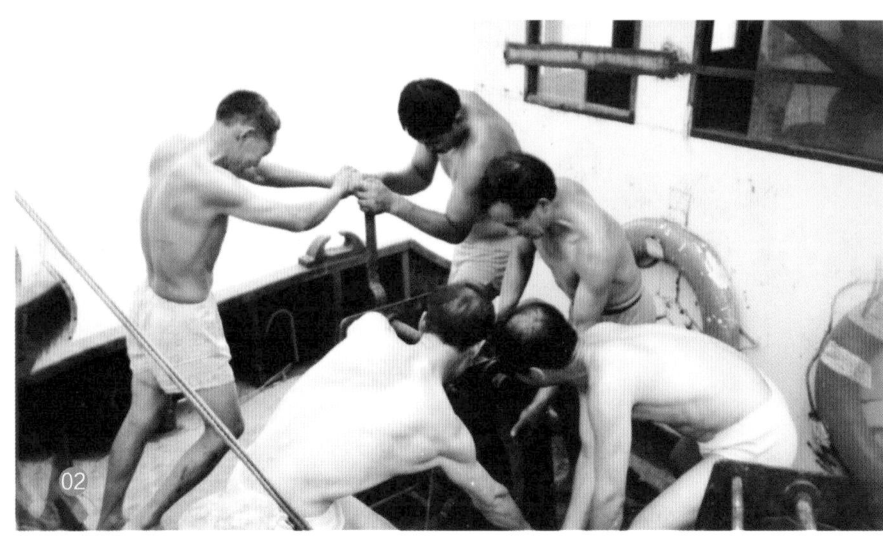
02

03

01 1978 年 9 月，邹平黄河修防段第一次试验机淤长管路输沙。图为设在 944 米处的接力泵
（邹平黄河河务局 / 供图）

02 03 惠民黄河修防段制造的第一艘吸泥船
（惠民黄河河务局 / 供图）

1973 年 5 月，惠民黄河修防段开始购船、造船机淤固堤。1975 年以后，滨县、惠民、博兴等黄河修防段创建造船厂，自制钢质吸泥船，原有木质船、水泥船先后淘汰。山东黄河河务局也逐年为各造船厂配备部分设备，如车床、钻床、刨床、锻压和电气焊等，加快造船速度，提高造船质量。1978 年以后，造船厂陆续转为维修组，负责吸泥船的日常维护和大修。

标准化堤防建设

黄河标准化堤防建设是一项功在当代、泽被后世的福民利民工程。2007 年 2 月 28 日，滨州黄河标准化堤防建设全面启动，工程建设领导小组加密协调解决工程建设中的重大问题，保证工程建设质量、资金、合同管理规范运作；实施政府组织、分级负责、项目法人参与的迁占补偿管理体制，确保专款专用，一次性赔付到位。历经 13 年，堤防帮宽、堤防道路、堤防加固、险工控导改建、根石加固、水闸除险加固等多个建设项目圆满完成，形成了科学完善的防洪工程体系。

2009 年，黄河滨州惠民河段筑堤施工
（刘策源 / 摄）

2007 年，滨州第一期（邹平）黄河标准化堤防建设全面展开
（李林秋 / 摄）

淤背区盖顶高程控制测量

堤顶道路施工

压实度检测（付义刚 / 摄）

险工控导工程改建

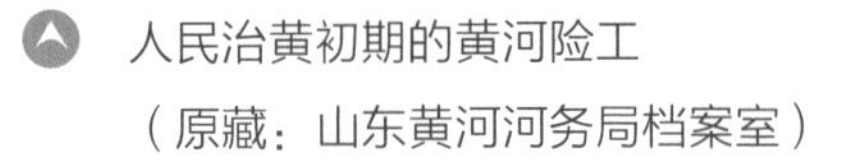

人民治黄初期的黄河险工
（原藏：山东黄河河务局档案室）

险工修建工程旧影
（原藏：山东黄河河务局档案室）

2009 年，官道控导工程改建施工

“十三五”期间，黄河下游防洪工程兰家险工改建场景（兰智辉 / 摄）

滨开黄河兰家险工（陈维达 / 摄）

惠民黄河归仁险工（惠民黄河河务局 / 供图）

邹平黄河官道控导工程（邹平黄河河务局 / 供图）

王旺庄险工（李忠/摄）

日新月异强管理

历史在这里积淀，文化在这里叠加，绿色在这里延展。滨州黄河，16 处险工，697 段坝岸，16 处控导工程，271 段坝垛，铺展开防洪减灾功能与生态景观效益自然交汇、人与水和谐相处的最美画卷。

滨州黄河职工恪守“建管并重”方针，坚持以防洪保安全为中心，以维护工程完整、提高工程抗洪强度、充分发挥工程效益为目标，不断充实和完善专业管理机构，逐步实施依法管理，加强经常性维修养护，确保防洪工程保持良好运行状态。特别是 2005 年 5 月以来，滨州黄河实施“管养分离”改革，力促科学管理、精细化管理，梳理历史文脉，深挖黄河文化，赋予防洪工程思想和灵魂，造就一方美景，守护一河幸福。目前，滨州黄河河务局已有 4 个县（区）级河务局跻身国家级水利工程管理单位，4 处黄河险工工程被山东黄河河务局命名为“山东黄河文化建设示范点”。

堤坡养护
（滨开黄河河务局/供图）

群众护堤由来已久，清代即在黄河上“每二里设一堡房，每堡房设夫二名，住宿堡内，常川巡守”。1948 年，渤海行署决定：各县与沿河村委员会中增设护堤委员，专管护堤看树。至 1985 年，滨州沿黄 26 个乡（镇）317 个村委会担负着 190 千米的堤防管理任务，配备群众护堤员 397 人。

21 世纪初，堤防树株的栽植管护和工程维护等转由专业队伍负责，群众护堤队伍逐渐消失，护堤员常住的防汛屋已然罕见。截至 2004 年，滨州黄河堤防住防汛屋者仅余 4 人。2007 年，黄河标准化堤防开始建设，护堤员、防汛屋彻底遁入历史。

1949 年，险工上的防汛屋
（原藏：山东黄河河务局档案室）

2009 年，惠民黄河大堤最后一座防汛屋“惠防 93 号”（刘策源 / 摄）

图像识别技术应用于黄河工程管理（胥鹏/摄）

职工驾驶打草机堤坡打草（兰智辉/摄）

邹平堤防雨后刮平工作（邹平黄河河务局/供稿）

机械抛护根石（吴加元/摄）

古来圩岸护堤防，岸岸行行种绿杨。

滨州黄河河务局坚持“生态优先、绿色发展”生态理念，遵循“临河防浪、背河取材”原则，大力推进植树造林和生态建设。

01 滨州黄河河务局携手地方联合开展“大手拉小手、建设生态滨州”大型植树活动（刘珊珊 / 摄）

02 滨州黄河生态长廊（陈维达 / 摄）

03 学雷锋志愿植树活动（刘珊珊 / 摄）

04 调运树苗（刘策源 / 摄）

01

02

03

04

01 20 世纪 80 年代的滨州黄河堤防
（邹平黄河河务局 / 供图）

02 惠民黄河防洪工程

03 滨开黄河堤防道路（兰智辉 / 摄）

04 邹平黄河标准化堤防工程（王璞 / 摄）

万象更新

折折黄河曲，步步寓两景。

工程是文化的传播载体，文化是工程的内在灵魂。

滨州黄河文化建设在“融”字上下功夫，以梯子坝、白龙湾、张肖堂、打渔张为代表的文化示范点，同邹平黄河国家水利风景区、滨州黄河国家水利风景区以及邹平、惠民、滨开、博兴 4 个国家级水管单位工程一起，构成了滨州黄河工程文化体系，形成了富有防洪工程特色、渤海革命文化特色、齐文化特色的滨州黄河生态文化带，成为助力黄河滨州河段生态保护和高质量发展的立体文化体系。

2020 年以来，滨州黄河河务局根据黄河文化建设情况，又将滨州黄河中长期文化建设规划同滨州市沿黄旅游生态规划相结合，向着建成滨州黄河百千米生态文化带的目标迈进。

以黄河清风园为主要景点的张肖堂险工成为山东黄河文化示范点之一（兰智辉 / 摄）

邹平梯子坝文化示范点

（王璞 / 摄）

惠民县白龙湾文化示范点经过精心打造，已经同孙子兵法城、魏集庄园并列为县标志性旅游景点

（刘策源 / 摄）

打渔张黄河下游红色闸群文化示范点是黄河下游最大的闸群文化点

（刘萍 / 供图）

工程遗存

王旺庄枢纽工程

遵照第一届全国人民代表大会第二次会议通过的《关于根治黄河水害和开发黄河水利的综合规划的报告》和相应决议，采取“节节蓄水，分段拦泥，尽一切可能把黄河水用在工农业和运输事业上”的方针，黄河干流规划兴建44个梯级拦河枢纽工程，王旺庄枢纽是最后一个，工程建设项目包括南北引水闸、拦河泄洪闸、电站、上下游通航船闸、穿黄船闸、防沙闸、拦河坝、防洪堤等。

1959年底，规划设计方案上报水利电力部，设想工程全部建成后，可保证黄河惠民两岸263万公顷土地灌溉，提高张肖堂、刘春家引黄渠首枯水引水位，以利两灌区灌溉。

1960年1月，王旺庄枢纽工程开工兴建，第一期工程计划当年完成。虽有好的主观愿望，但是违背客观规律，更不顾当时的经济社会条件，动工仓促。1961年，王旺庄枢纽工程被列入停缓建、维护工程项目。1962年，工程停止建设并宣布废弃，河道恢复正常泄洪。

如今，王旺庄枢纽工程混凝土建筑物大部分已淤之地下，露于地面者，仍能辨其轮廓。

01

02

03

王旺庄枢纽工程遗址
（图1刘策源/摄 图2、3刘杰/摄）

南展工程麻湾分凌分洪闸现貌（刘策源 / 摄）

建设中的麻湾分凌分洪闸（卢振国 / 供图）

麻湾分凌分洪闸闸门制作人员合影（崔光 / 供图）

垦利南展宽工程建设

黄河河口河段自东营区麻湾险工到利津县王庄险工的 30 千米，是一段窄河道，两岸堤距一般 1000 米左右，最窄处仅 460 米。自西向东的黄河水来到麻湾，突然调头北上，行至王庄又转身向东，形成两个 90 度弯道，是黄河下游排凌泄洪的“肠梗阻”。

这里虽修筑有 21 处险工、护滩，裹护长度达 24 千米，加之 1951 年修建的小街减凌溢洪堰，每年都做分凌洪之充足准备，仍不能解除凌洪威胁。

1964 年，惠民黄河修防处起草报告并呈送山东黄河河务局，提出该河道的症结问题是窄，把河道展宽的建议。经过反复研究、分析比对，“南展宽”终成领导层决策。1970 年春，“南展，北分，东大堤”的黄河河口近期治理意见确定。

1971 年 9 月，南展宽工程正式实施。至 1978 年底，共完成投资 5252.1 万元，新修 38.7 千米长的大堤 1 条，平均展宽河道 3.5 千米；修筑展区村台 38 个，迁移自然村 76 个；临黄堤修建麻湾分凌分洪闸、曹店分凌分洪放淤闸、章丘屋子泄洪闸各 1 座；新修的南展堤上修建大孙、清户、胜干、王营和路干 5 处 7 座灌排闸，群众送别号“鸳鸯闸”“姐妹涵”。

根据设计，麻湾分凌分洪闸进水分洪流量 2350 立方米每秒，分凌流量 1640 立方米每秒。30 米宽的闸孔，闸门为双主梁桁架式钢质闸门，每扇重 10 万千克。30 米跨度的闸门，赢得了当时中国水利史上“第一大跨度闸门”的赞誉，获全国涵闸设计奖。

依法治河护航程

但求严法治，当可净风霾。

1997 年，党的十五大正式提出“依法治国”基本方略。黄河水利委员会切实将“依法治国”要求融入具体治黄实践，深化水利行政综合执法改革，探索依法治河管河新模式，全面提高各级运用法治思维和法治方式推动治黄事业改革发展的能力和水平。

滨州黄河河务局快速响应，大力弘扬法治精神，完备治黄法规制度体系，完善水行政执法体制，健全依法行政和普法宣传教育机制。有法可依、覆盖全面、相互支撑，滨州水行政执法队伍铸就“法治之盾”，高扬“法律之剑”，多元普法、联合执法创新不断，依法行政、依法办事、违法必究能力持续提升。

如今，滨州黄河各级河务部门在水行政执法基础上，逐步联合河长办、公安、检察、法院，形成了协同大保护的“法治黄河”新格局。

滨州黄河河务局水法宣传

1996 年 12 月 28 日，山东滨州水政监察大队成立（滨城黄河河务局 / 供图）

1989 年，水利部印发《关于建立水利执法体系的通知》。1990 年 6 月 4 日，惠民黄河修防处建立山东黄河河务局惠民水政监察处；7 月 21 日，惠民黄河修防处水政科正式建立并开始办公。随后，滨州各级河务部门相继设立水政监察所。1995 年 8 月 11 日，滨州地区黄河河务局水政科更名为水政水资源科。1996 年 12 月 28 日，黄河系统第一支水政监察大队——黄河水利委员会山东滨州水政监察大队正式成立。至 1997 年 12 月，惠民、邹平、博兴水政监察大队相继成立，为维护黄河正常水事秩序、保障防洪工程安全运行和水资源合理利用提供了坚强的组织保障。

1997 年 12 月，博兴水政监察大队成立

（博兴黄河河务局 / 供图）

滨城黄河水政监察大队省级“青年文明号”授牌仪式

（滨城黄河河务局 / 供图）

滨州黄河水政监察人员军训班结业典礼

多元普法

“世界水日”“中国水周”骑行宣传（李林秋 / 摄）

小学生学习水法知识（宋海涛 / 摄）

惠民黄河河务局水法宣传进集市 （惠民黄河河务局 / 供图）

滨城黄河河务局水法宣传车队
（滨城黄河河务局 / 供图）

水法宣传从娃娃抓起（宋海涛 / 摄）

博兴黄河河务局职工张贴普法宣传画
（博兴黄河河务局 / 供图）

“清四乱”

2017 年，全面落实河长制工作以来，滨州黄河河务局主动对接各级河长办及检察机关，建立健全工作机制，切实履行河道管理单位职责，认真开展“四乱”问题摸底排查并建立清理整治台账，高效完成“清河行动”“携手‘清四乱’、保护母亲河”和“深化清违整治、构建无违河湖”等专项行动，维护良好的水事秩序。

拆除违章建筑

清理河道违章建筑（兰智辉 / 摄）

“四乱”问题排查（滨城黄河河务局 / 供图）

联合执法

1990年以来，黄河水政、公安执法队伍密切协作，持续加强联合巡查，水事违法案件查处工作逐步深入，执法水平和执法质量不断提高，乱搭乱建、打场晒粮、摆摊设点、违章种植、盗伐树木等违法、违规行为均得到严厉查处；强化对涉河项目的跟踪监管，严格规范涉河行政许可的审查、审核程序，黄河水环境不断改善。

特别是2020年，滨州黄河河务局与滨州市公安局、法院、检察院密切合作，合力促进执法与刑事、司法衔接，市、县两级同步推进，在山东黄河率先设立黄河资源环境巡回审判法庭和黄河水利风景区生态环境检察室，初步建成了河道生态环境保护多元监管执法长效机制。

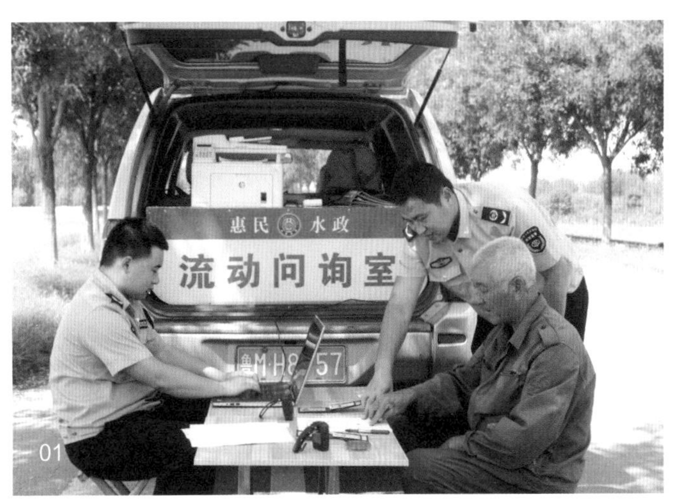

01 惠民黄河河务局水政监察大队流动问询执法（朱文军/供图）

02 黄河生态保护巡回法庭在滨开黄河河务局挂牌成立（兰智辉/摄）

03 凌汛期督促拆除浮桥（滨城黄河河务局/供图）

04 整治打场晒粮专项行动（惠民黄河河务局/供图）

治河水平稳提升

满眼生机转化钧，天工人巧日争新。

科技与信息化工作是推动治黄现代化的重要手段。滨州黄河职工秉持“科技服务治黄、治黄依靠科技”的原则，持续加大资金投入、创新方式方法，激励科研攻关防汛抢险，工程建设管理新技术、新方法、新材料推广应用等层出不穷，引领滨州治黄事业全面进步。

滨州黄河河务局研制的大型抢险自动装袋机（李林秋 / 摄）

科技赋能

创新源于需求。

滨州黄河河务局坚持把“解决治黄一线的实际问题、提高工作效率”作为科技创新的出发点和落脚点，在工程管理方面，发明应用割草、清扫、喷药等机械设备和技术；在防汛抢险方面，创新推广车载打桩机、自行自挖装袋机、开冰机、液压捆枕机、抛石机等自动化设施，提高管理水平和工作效率，降低职工劳动强度，加快滨州治黄事业科学发展。

惠民黄河河务局研发堤坡打草机（赵然然/摄）

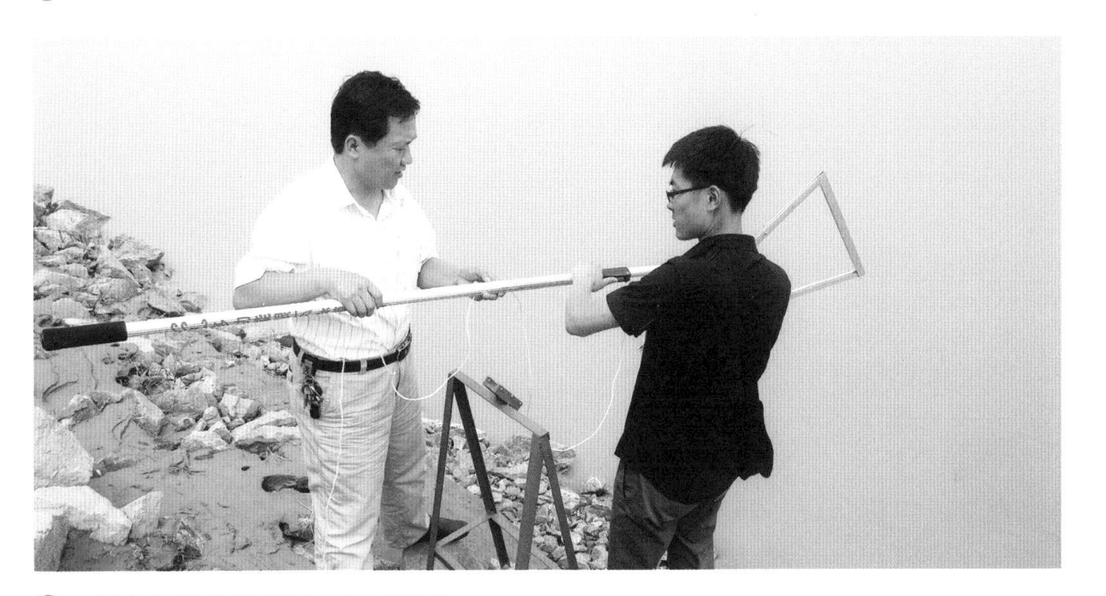

博兴黄河河务局研制的根石探摸器

滨城黄河河务局研制的机械破冰机结束了人工破冰历史

滨城黄河河务局研制的机械打桩机获山东黄河科技创新成果一等奖，在全河推广应用 （李林秋/摄）

1980 年，邹平黄河修防段成功研制堤顶刮平机并小批量生产，图为牵引式堤顶刮平机作业中

滨州恒达养护公司研制的“灭虫武器”

滨州恒达养护公司研制的多功能养护车，堤肩割草显威力

（刘玉浩 / 摄）

KY-47型工程抢险养护车获
2012年山东黄河科技进步二等奖

滨城黄河河务局研制的遥控堤
坡割草机，经济实用
（李林秋／摄）

滨州黄河河务局供水局研发的
11 QDRS-Ⅰ型扰沙清淤设备
获2018年山东黄河科技进步二
等奖、黄委科技进步三等奖
（滨州黄河河务局供水局/供图）

通信保障

11946年下半年，渤海区党委、行署应“反蒋治黄”斗争需要，架起黄河专用电话线，在滨县丁家山设磁石10门交换机1台，各县治河办事处装电话1部。至1953年，黄河两岸所辖线路总长度343千米，设5门至10门交换机6台，共装电话单机29部，初步形成黄河专用通信网。

经过几十年的发展，以有线电路传输为主的黄河通信网，在黄河水旱灾害防御工作中起到了重要作用。

进入21世纪，随着信息技术的进步，滨州黄河河务局信息通信事业跨越式发展，由过去的以架空明线为主的有线传输，磁石、供电交换的模拟通信，转化为传输数字微波化、交换数字程控化，无线接入、集群移动通信、计算机网络等多种通信手段相结合的现代化通信网。如今，以滨州黄河河务局为中心，覆盖各县（区）及河务局、管理段和闸管所的防汛通信更加安全、畅通、高效。

通信人员检查倒塌的电线杆
（陈庭芳 / 供图）

检查统计线路受灾情况
（陈庭芳 / 供图）

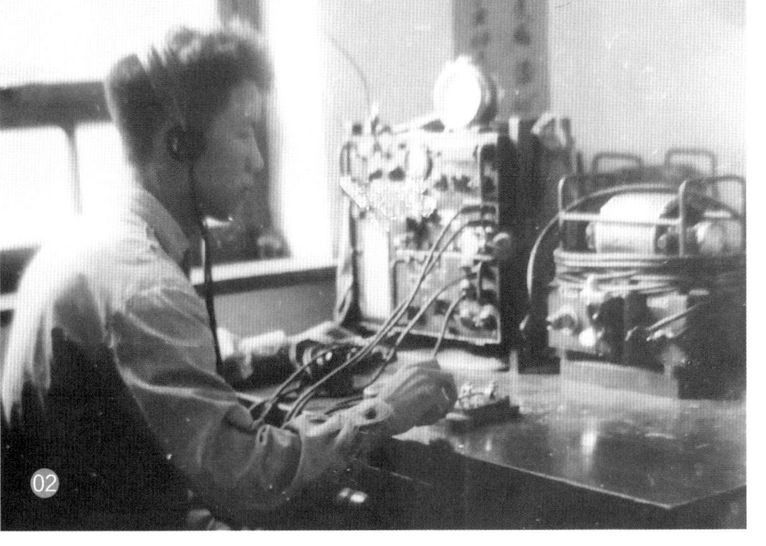

01 20世纪70年代人工磁石交换机（滨城黄河河务局/供图）

02 黄河职工运用电报机传送汛情 （原藏：山东黄河河务局档案室）

03 通信技术比武 （陈庭芳/供图）

04 1951年，道旭通信铁塔安装（原藏：山东黄河河务局档案室）

信息化加持

21 世纪是信息化时代。飞速发展和广泛应用的信息网络技术极大推动着经济社会发展和人类文明进步。信息化与治黄业务融合发展，不仅是提升黄河治理体系和治理能力现代化的迫切需求，更是“维护黄河健康生命、促进流域人水和谐”的重要手段。

滨州黄河河务局以信息共享、互联互通为重点，基于山东黄河地理信息系统，全面建成“滨州黄河防洪与生态信息化综合管理系统”和“滨州黄河综合业务管理平台”，创新构建“一张图”“一站式”治黄业务信息管理模式，实现了全业务的统一认证、集中管理。目前，滨州黄河河务局正积极探索完善防汛信息一体化采集系统和防汛信息平台，提升河道水位、水温、气温观测数据自动采集和传输能力，加密河道、险工、控导、涵闸工程监控设施布设，尽早实现河道凌情观测自动化。

01 台子管理段通信塔（陈维达 / 摄） 02 滨州市数字黄河防洪预案系统荣获 2017 年山东黄河科技进步一等奖 03 韩墩管理段防汛视频系统（刘策源 / 摄）

滨城黄河河务局县级防汛抗旱指挥部信息化建设始于2018年承担的“黄委黄河信息化防汛前线指挥部（试点）”项目，是黄河水利委员会在山东黄河河务局的唯一试点。

滨城黄河试点工作已完成会商会议室的功能性改造，河道两岸16处视频监控点、2处水位点的布设，黄河防汛抗旱指挥调度平台和防汛巡查软件开发，移动指挥部搭建，以及无人机系统的使用等任务，充分整合“黄河一张图”、流域气象、山东黄河防汛、滨州“智慧防汛”、数字预案等防汛信息化应用系统资源，可快速、全面掌握洪水实时演进数据、防洪工程运行状态、险情现场实时影像、防汛基础信息等，形成科学的防汛形势分析，进而实现从黄河流域防汛指挥调度到省、市、县级防汛现场的防汛指挥调度、具体查险报险、滩区迁安救护、料物和队伍调集等，打通了治黄信息化“最后一公里”。

建设防汛前线指挥部网桥（马洁/摄）

黄河防汛抗旱指挥调度平台应用

使用手机小程序报险，指挥平台实时接收信息并做出应对方案

滨城黄河河务局信息化防汛前线指挥部（吴惠娟/摄）

滨州黄河河务局围绕信息化管理“一站式”建设理念，开发滨州黄河综合业务管理平台，整合防汛、电子政务、人事、档案等业务应用系统，开发基于内部网络的专用交流工具，方便业务信息传输；建设数据库，实现自建系统的统一认证和统一用户管理。

操作信息平台（刘策源 / 摄）

黄河数字工程管理系统获 2018 年山东黄河科技进步二等奖、黄委科技进步二等奖

数字工程管理系统实时画面

滨州河务局文件档案管理系统

当前位置：部门管理 部门列表

部门列表

部门名称	添加时间
滨州市局	2015-10-20 09:26:02
滨州市局-财务室	2016-03-10 09:36:42
滨州市局-办公室	2016-03-10 09:32:50
滨州市局-党委	2016-06-06 16:02:41
滨州市局-信管处	2016-03-10 09:37:02
滨州市局-工务科	2016-06-06 15:57:30
滨州市局-防办	2016-06-06 15:58:22
滨州市局-服务处	2016-06-06 16:00:01
滨州市局-工会	2016-06-06 16:00:47
滨州市局-监察科	2016-06-06 16:03:18

文件档案管理系统

黄河防汛抗旱指挥调度平台

黄委
山东局
滨州局
滨城局
滨城防汛指挥
预案
县级黄河数字防洪预案
值班管理
实时监控
防汛现场视频
防汛会商

黄河防汛抗旱指挥调度平台

文件档案管理系统

单位 滨州市局 帐号 密码 登录

文件档案管理系统登录界面

工资查询系统

滨州黄河综合业务管理平台

第三章 经济发展强基础

春华秋实，沧桑巨变。乘着改革的春风，滨州黄河经济在激荡中探索前进，从无到有、从小到大、从弱到强，一路蹄疾步稳、勇毅前行，走上了“经济兴局”的康庄大道。

从 20 世纪 80 年代开始，滨州黄河职工走出计划经济的“温室”，利用水土资源和工程施工优势，搏击市场经济大潮，在风雨中打拼，在磨砺中成长，规划建设沿黄“二带三区四园五基地”，成功申报滨州黄河、邹平黄河两处国家水利风景区，将黄河堤防和淤背区打造成了安澜防线、生态长廊和“绿色银行”。

引黄供水从“大锅水”到“两水分供、两水分计”，实现管理模式的新变革、支撑领域的新拓展、经济效益的新提升；工程施工从系统内土石方工程开始，逐步走向社会承揽工程，稳步推进市场开发，打开外省市场，多次承揽较大型社会工程，擦亮了工程施工品牌；第三产业上马维修加工和住宿、餐饮、房地产开发、仓储、供水等 20 余个服务业项目……经济如春起之苗，时有所长；发展如旭日东升，渐有其高。随着土地开发、引黄供水、第三产业长足发展，滨州黄河资源优势持续向经济优势转化，经济建设由单一发展走向全方位综合经营，全局经济进入快速发展期。

山一程，水一程，更向发展那畔行。站在“两个一百年”奋斗目标的交汇点上，乘着时代的浩荡东风，滨州黄河经济建设恰九万里风鹏正举，风不休！

绿满长河地生金

01 惠民黄河河务局生物套餐高科园

02 滨开黄河河务局百亩生态樱桃园（兰智辉 / 摄）

05 邹平黄河河务局淤背区葡萄园

06 邹平黄河河务局无花果种植基地（王宁 / 摄）

“春来花满树，锦秋果飘香，冬季赛盆景，职工喜洋洋。”这是滨州黄河河务局职工对淤背区的赞誉。

20 世纪 80 年代，解放思想、发展经济的春风吹拂大河上下。自 1986 年始，滨州黄河河务局提出“效益决定种植，市场调节结构”的淤背区开发指导思想，依靠科技，连片开发，规模经营，实行单位集体或职工个人承包种植、与护堤员联营、沿黄群众承包 3 种管理方式，逐步实现区域化布局。

创新是发展的不竭动力。经过探索、培植，滨州黄河河务局推出了融合标准化管理、公司化运营、淤背区开发与工程管理有机结合的特色“大崔模式”，率先开发梨园、苹果园，形成“农、牧、水一体，种、养、加联合，产、供、销配套”的经营管理体制和运行机制。

岁月不居，发展无止。2012 年，滨州黄河河务局制定《滨州黄河百公里高效生态园林工程建设规划》，拉开打造滨州黄河“二带三区四园五基地”的序幕。邹平、惠民黄河河务局发展林果、适生林种植，博兴黄河河务局开发锦玉梨园、打渔张森林公园，滨城黄河河务局培育育苗基地，滨开黄河河务局建成旅游休闲黄河生态露营体验区，淤背区开发利用结构不断优化。

随着土地逐步走向自营管理，2020 年，滨州黄河河务局依托地域、产业优势，倡导实施合作经营与联合开发，因地制宜开拓物流租赁、自驾游露营地等新型产业项目，同时依托黄河下游生态廊道建设，打造滨州及邹平黄河两个国家级水利风景区和打渔张森林公园等一批旅游景点，推动淤背区产业经济多元化、规模化、标准化发展，捧出一幅绿满长河地生金的锦绣画卷。

01

02

05

03 滨开黄河河务局百亩生态梨园（兰智辉 / 摄）

04 邹平黄河河务局无花果采摘园（王璞 / 摄）

07 惠民黄河河务局大崔黄金梨园（刘策源 / 摄）

滨州黄河生态长廊（陈维达 / 摄）

滨州黄河淤背区（刘瑾 / 供图）

惠民黄河河务局金河果蔬种植专业合作社成立（刘策源 / 摄）

惠民黄河河务局大崔梨园丰收在望（刘策源 / 摄）

滨开黄河淤背区引进水肥一体灌溉设施（兰智辉 / 摄）

01 黄河淤背区产出优质水果（李林秋 / 摄）

02 惠民黄河河务局大崔苹果园收获满满 （刘策源 / 摄）

03 惠民梨园硕果累累

04 惠民蜜桃个大、多汁、味美（李林秋 / 摄）

05 娇艳欲滴的滨开黄河樱桃（兰智辉 / 摄）

01 滨州黄河河务局供水局绿色蔬菜基地 （李林秋 / 摄）

02 胡楼西红柿种植园（滨州黄河河务局供水局 / 供图）

03 簸箕李蔬菜大棚（李林秋 / 摄）

04 淤背区蔬菜种植大棚

01 邹平黄河河务局白蜡育苗基地（王宁 / 摄）

02 博兴黄河河务局淤背区苗木基地

03 20 世纪 90 年代的惠民黄河河务局淤背区育种实验园

04 博兴黄河河务局棉花实验园

（朱茂国 / 摄）

波尔山羊养殖（刘策源 / 摄）

肉猪满栏（刘策源 / 摄）

规模化养鸭（刘策源 / 摄）

土鸡散养

整齐的兔舍（刘策源/摄）

土方施工筑支柱

其作始也简，其将毕也必巨。1983 年，滨州黄河工程施工业由土方机械队起家，经过修筑黄河土方工程、承揽部分地方小型土石方工程、走向社会承揽工程“三步走”，打响了工程施工品牌。

好风凭借力，奋楫逐浪高。黄河“96· 8”洪水后，国家加大水利建设投资力度，滨州黄河河务局抓住机遇，于 1997 年 12 月成立滨州地区黄河工程局，2000 年 11 月改制为山东滨州恒泰工程有限公司，2003 年 1 月成功组建山东恒泰工程集团有限公司，弄潮市场、加快发展。

在黄河内部，山东恒泰工程集团有限公司积极参加黄河标准化堤防建设、堤防加固、防浪林建设、涵闸除险加固和改建等工程，磨炼精兵，打造精品。其中，滨州黄河防洪工程第二标段被黄河水利委员会评为“文明工地”和“样板工程”。在外部，稳步推进市场开发，开辟河北、江苏、广东、福建、江西等省级市场，多次承揽较大型社会工程。2020 年 6 月，通过联合体投标，山东恒泰工程集团有限公司中标济宁市任城区城乡供水一体化管网采购及安装项目，合同额 1.84 亿元。

发展过程中，山东恒泰工程集团有限公司逐步调整单一施工模式，向依托黄河优势、加大资本运作、实施多元化经营转型，先后建成滨州龙吟水库、青田黄河浮桥、惠民引黄崔浮桥，实现了自身发展与促进地方经济社会发展双赢。

从黄河出发，向市场奋进。如今，山东恒泰工程集团有限公司拥有国家水利水电工程施工总承包一级资质，房屋建筑、市政公用工程施工总承包二级资质，获评中国水利水电工程施工 AAA 信用等级企业、安全生产标准化一级企业，连续 10 余年保持省级“守合同重信用企业”和“三标一体”管理体系认证，扬起了“恒泰”的猎猎旗帜。

01

04

01 滨州黄河建安处承建小开河引黄闸工程

02 惠民黄河建筑安装队承建簸箕李引黄闸工程

03 滨州黄河建安处承揽市政工程建设

04 05 山东恒泰工程集团有限公司承揽工程施工

（刘策源 / 摄）

山东恒泰工程集团有限公司部分施工荣誉及承建项目

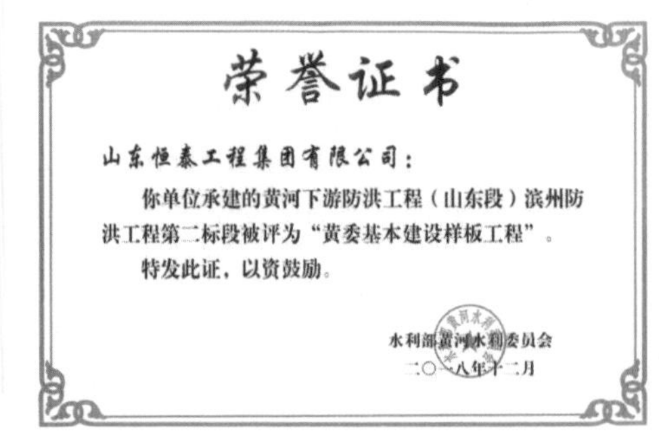

荣誉证书

山东恒泰工程集团有限公司：

你单位承建的黄河下游防洪工程（山东段）滨州防洪工程第二标段被评为“黄委基本建设样板工程”。

特发此证，以资鼓励。

水利部黄河水利委员会

二〇一八年十二月

黄河园小区建设（李林秋 / 摄）

涵闸除险加固工程（李林秋 / 摄）

房屋建筑工程

黄河下游“十三五”防洪工程移堤工程（兰智辉 / 摄）

工民建筑业发展迅速（李林秋 / 摄）

江西德兴铜矿集团酸性水调节库大坝工程（崔宝军 / 摄）

多元发展谋长效

一花独放不是春，多元发展春满园。20 世纪 80 年代以来，滨州黄河职工立足黄河、面向社会，多方位开展综合经营创收，将探索的脚步迈向加工制造、泥沙利用、引黄供水、跨河交通等多个行业，实现多点开花、多元发展、百花齐放。山东黄河门窗有限公司进入山东省同类企业 50 强，荣获“山东名牌产品”称号；养殖业形成产、储、供、销一体化经营格局，走上良性循环之路；跨河交通通过参股、融资、联合投资等方式，先后建成运营青田、引黄崔等黄河浮桥，加速推动了滨州治黄事业发展。

随着地方经济社会发展，滨州黄河河务局应势而谋、因势而动、顺势而为，不断延伸供水产业链条，开辟全新供水市场。2002 年，邹平韩店水库作为黄河市场化供水先行者，成功打开新兴工业园区商业供水新局。2005 年，滨州黄河河务局控股上马龙潭水库，成为滨州高新区唯一的优质水源，实现了河地协调发展、融合发展，创造了良好的社会效益和经济效益。

2007 年 4 月，黄河水利委员会经济工作座谈会在滨州召开（李林秋 / 摄）

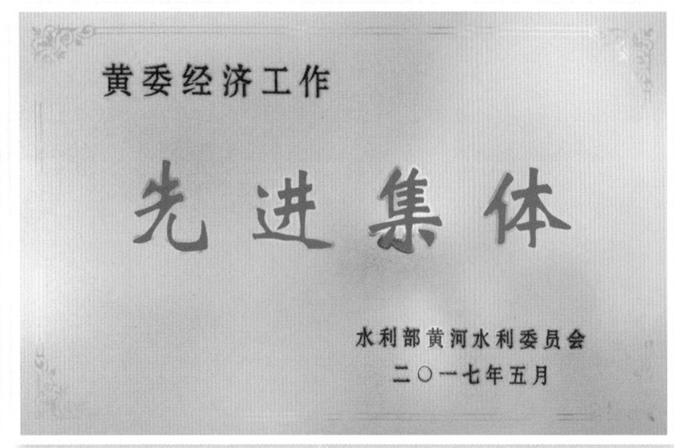

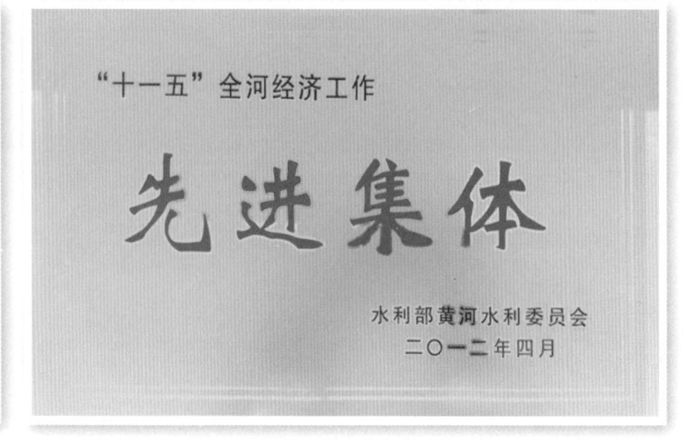

01 02 滨州黄河西外环浮桥（图 2 路培浩 / 摄）

滨州黄河花卉园 

山东黄河门窗有限公司创建于2000年，是一家集研发、设计、制作、施工、服务于一体的建筑节能门窗及幕墙系统供应商，拥有国内领先的系统门窗研发与检测技术，产品涵盖建筑外窗节能系统、幕墙节能系统、阳光房系统等多系列产品，现已成为国内品种多、规模大、创新能力强的大型门窗企业之一。

山东黄河门窗有限公司自动化车间（李林秋 / 摄）

01 龙潭水库（陈维达 / 摄）

02 龙潭水库供水水质监测（刘策源 / 摄）

03 龙潭水库供水公司生产纯净水（刘策源 / 摄）

04 龙潭水库净化水操作（刘策源 / 摄）

道旭渡口旧址

第四章 文以载道行致远

一路走来，硕果累累；抚今追昔，满腔热忱。

一代又一代滨州黄河职工头顶苍穹、脚踏荒芜，把全部的心血和赤子之爱倾注给这条他们为之祈盼、为之奋斗的母亲河。水旱灾害防御、工程建设管理、水资源管理保护、依法治河管河……他们蹈厉奋发、慨然前行。而一以贯之的文化建设，就是凝聚其中的无穷力量、推送成功的坚定信念，是治黄工作赓续发展的创新动能、永葆生机的真正源泉。

他们高举习近平新时代中国特色社会主义思想旗帜，全面响应“让黄河成为造福人民的幸福河”的伟大号召，坚持党建引领、融合发展，打造党建领航新高地、思想建设新高地、支部建设新高地、红色文化新高地、精准管理新高地，让猎猎党旗引领大河之治，让无悔初心映衬大河之滨；用党员臂膀筑起坚实堡垒，用统一思想铸造强劲引擎，奋力书写滨州黄河党建的崭新篇章。

文以载道行致远，成风化人好扬帆。他们用文化的力量激发内生动力、砥砺职工思想、唤醒工作热情、助推业务提升，护佑大河之滨的防洪安全、供水安全、粮食安全和生态安全，让一方人民更好地分享改革发展成果。他们用文明情怀为“母亲河”增添最生动、最温情的注脚，展现黄河人坚忍顽强、开拓创新、无悔奉献的气质和风采。

在“文明强局”的漫长道路上，他们砥砺奋进、征程万里，水宿山行、长歌不息。

他们用科学有力的机制建设形成文明单位的积蓄底气，用坚定统一的思想养成干事创业的浩然正气，用丰富多彩的活动培养积极向上的活力朝气，用权威专业的行业指导涵养团结一心的勃勃生气，同心掬得满庭芳，文明花开沁园春。

党旗高扬映初心

长期以来，滨州黄河河务局始终坚持“围绕治黄抓党建，抓好党建促发展”的工作思路，不断强化理论武装，加强学习型党组织建设，筑牢思想政治工作生命线，扎实推进党建工作标准化，深入开展党风廉政建设，实现党建与业务工作同频共振、互促并进；始终坚持以党建工作为引领，从完善机构设置、创新学习方式、发挥党员能量等方面着手，通过多种形式开展有计划、有目的的学习实践活动，促进党员学以致用、知行合一，打造过硬党支部，建设有温度的党组织，拓展党组织在各领域的覆盖面，使党的旗帜永远飘扬在滨州黄河这片热土上。

在党建工作引领下，滨州黄河工程管理的最基层、防汛抢险的最前沿、治黄改革的主战场、扶贫攻坚的第一线，处处活跃着广大党员无私奉献、实干担当的身影，党的凝聚力、战斗力、号召力显著增强。

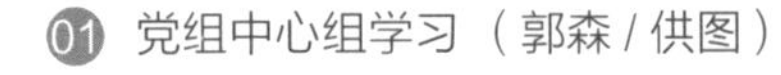

01 党组中心组学习（郭森 / 供图）

02 《党章》诵读（许冬梅 / 摄）

01 滨开黄河河务局张肖堂险工黄河清风园

（兰智辉 / 摄）

02 滨城黄河河务局党员在道旭渡口旧址开展“书香机关 · 悦读百年”经典诵读活动

（耿鹏飞 / 摄）

03 退休党员参观红色教育基地 （李林秋 / 摄）

重温入党誓词（相树明 / 摄）

党支部学习（相树明/摄）

诵《党章》忆初心（郭森/摄）

主题党日活动（成志/摄）

邹平黄河法治廉政文化广场（刘潭/摄）

▲ 白龙湾管理段党史学习教育实践活动（文士辉 / 摄）

◀ 纪念习近平总书记“9 · 18”重要讲话一周年签名活动 （刘珊珊 / 摄）

党员积极投身疫情防控

小开河闸管所党建活动室（林渊 / 摄）

诵读红色经典诗词《不朽》（成志 / 摄）

文化建设添活力

文体活动是增强职工身体素质、提高职工生活质量的重要手段，是培养职工积极向上、顽强拼搏、乐于奉献精神的重要载体，也是增强单位凝聚力、向心力的重要方式。长期以来，滨州黄河河务局立足实际，广泛开展丰富多彩的文体活动，初步形成“以大型文体活动为引领，以节庆活动为契机，以小型、多样、日常活动为基础，以各种赛事为手段”的多层次、多元化职工文体活动模式。

滨州黄河河务局先后组织了庆祝人民治黄 60 年、70 年大型文艺专场演出等文艺活动，以及篮球、羽毛球、乒乓球、自行车、游泳、棋牌、拔河等比赛，还设有职工图书室，组织书法、摄影爱好者开展“送文化进基层”“我采风我创作”等活动，展出优秀书法和摄影作品，营造浓厚的文化氛围，增强职工的文化自信，促进“和谐滨州黄河”建设。

山东黄河河务局局长李群参观邹平黄河文化展室（刘跃群 / 摄）

黄河颂（李林秋 / 摄）

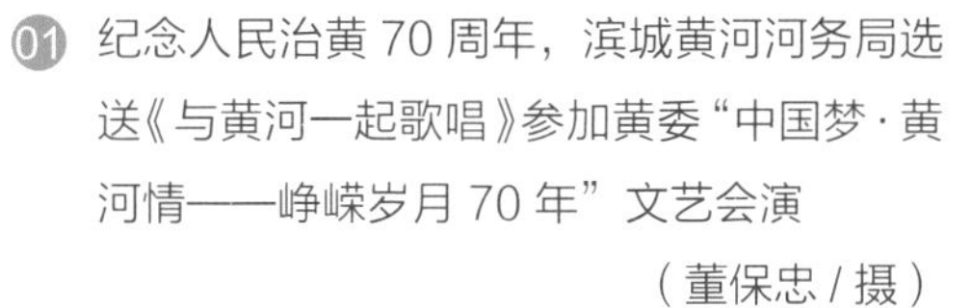

01 纪念人民治黄 70 周年，滨城黄河河务局选送《与黄河一起歌唱》参加黄委“中国梦·黄河情——峥嵘岁月 70 年”文艺会演

（董保忠 / 摄）

02 庆国庆歌咏晚会

03 纪念滨州人民治黄 70 周年职工文艺会演（李林秋 / 摄）

2020 年滨州黄河合唱队在滨州市“劳动美 · 黄河情”黄河大合唱中荣获一等奖

（成志 / 摄）

篮球赛场逞英豪
（刘策源 / 摄）

广播体操展英姿（李林秋 / 摄）

趣味运动会——跳绳（李林秋 / 摄）

拓展训练凝合力（李林秋 / 摄）

环中海健步走

趣味运动会——运转乾坤

趣味运动会——拔河（刘策源 / 摄）

送文化进基层

职工书画作品展览（刘策源 / 摄）

滨州黄河河务局机关图书室（兰智辉 / 摄）

花艺读书会（李梓楠 / 摄）

“疫路风雨、巾帼同行”滨州黄河女职工
拍摄手语视频为抗疫加油（李梓楠 / 摄）

教育培训

职工教育是行业建设的根本，是加快治黄事业发展的必要条件。

人民治黄之初，黄河职工文化水平偏低，不能适应治黄工作需要。为改变这一状况，各黄河修防段积极开展扫盲运动，在青壮年职工中进行文化、技术补课（简称“双补”）。随着“双补”任务的逐渐完成，职工教育工作重点转向高一层次的文化和技术教育。当时的惠民黄河修防处在惠民黄河建筑安装队建立职工教育基地，每年举办一两期补习班，按照国家成人教育大纲要求，开设数学、语文、历史、地理、政治5门课程，直到1988年最后一期结束。

1990年至2005年，滨州黄河职工教育由“知识型”向“技术型”转变。在职职工必须通过岗位资格培训或考核，持有《工人技术等级培训合格证》上岗。滨州黄河河务局还根据实际情况，本着“缺什么补什么，需要什么学什么”的原则，举办各种类型的培训班。抢险技术培训是每年都要进行的一种强化训练，通过聘请治黄专家授课指导，开展技术比武、知识竞赛等形式，提高职工队伍的防汛抢险技术水平。

随着治黄事业的不断发展，滨州黄河各级把职工教育与人才培养摆在更加重要的位置，先后实施“科教兴河”“人才强局”等战略，加强领导、健全组织、完善制度、加大投入，不断拓宽培训渠道，教育培训工作逐步正规化、制度化。学历教育、继续教育、岗位培训、技能培训和理论教育等多种形式，使职工队伍的知识结构、专业结构有了明显改变，整体素质有了较大提高，为黄河保护治理提供了技术支持和人才支撑。

01 1981年，惠民黄河修防处首期驾驶员培训班结业（王明森 / 供图）

02 惠民黄河河务局白龙湾管理段创新工作室

03 20世纪80年代，惠民黄河修防处高中文化补习班毕业合影（王明森 / 供图）

04 滨州黄河防汛抢险指挥专家及专业机动抢险队理论知识培训（吴加元 / 摄）

05 1998年，滨州黄河河务局第一期高级工培训班师生

03

滨州黄河防汛抢险指挥专家及专业机动抢险队
理论知识培训班（滨城分会场）
防汛抢险

04

滨州黄河第一期高级工培训班留念98.10.18
文明单位
治安安全单位

05

夕阳聚红

夕阳无限好，人间重晚晴。

滨州黄河河务局在落实好离退休老同志各项待遇的前提下，大力提倡“文化养老”“快乐养老”。通过利用社会资源、丰富载体平台，为老同志多层次、多渠道创造学习、交流的机会，组织多姿多彩的文体活动，让更多的老同志“走出来、学起来、动起来、乐起来”，使老同志的生命更精彩、生活更多彩。

滨州黄河河务局退休职工参加山东黄河退休职工柔力球展演交流活动并获优胜奖
（张学连 / 摄）

太极扇表演 （李林秋 / 摄）

重阳节活动
（王明森 / 供图）

门球比赛（苏德昌 / 供图）

滨州黄河代表队参加滨州市第四届老年人运动会（张学连 / 摄）

文明花开竞芳菲

黄河之畔沐春风，文明之花竞芳菲。

长期以来，滨州黄河河务局积极开展各类文明创建活动，巩固提升创建成果，使文明创建真正成为组织有力的系统工程、弘扬正气的最强感召、朝气蓬勃的生动实践，为把滨州黄河建设成为造福人民的幸福河提供了思想保障、精神动力。

截至目前，滨州黄河河务局已成功创建全国水利文明单位 1 个、省级精神文明单位 5 个、市级精神文明单位 3 个。文明之路，铿锵而行。滨州黄河河务局将以更加务实的作风、高昂的士气和饱满的热情深植精神沃土，使文明之花常开长盛。

滨州黄河河务局在姜楼开展黄河传统文化教育

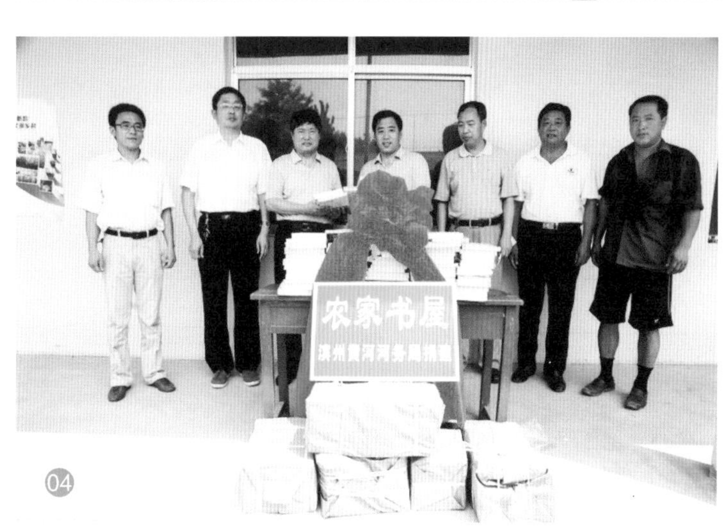

01 集体诵读《九曲黄河》
（董丽杰 / 摄）

02 滨州黄河先模代表
（董连旺 / 供图）

03 “共建幸福滨州黄河”经典诵读
（刘珊珊 / 摄）

04 捐赠图书助力脱贫攻坚
（李林秋 / 摄）

05 扶贫捐款
（孙朝阳 / 供图）

01 黄河新兵向黄河致敬（董连旺 / 摄）

02 学雷锋志愿服务队参与城市环境整治（刘策源 / 摄）

03 滨州黄河职工在张肖堂险工开展“情暖新春 · 美丽黄河”生态保护志愿服务活动（兰智辉 / 摄）

滨州黄河河务局
新春·美丽黄河”生态保护志愿服务

第五章 同心共建绘幸福

日月忽其不淹兮，春与秋其代序。黄河人淡漠着光阴的轮转，光阴却见证着黄河的变化。

鸡鸣风雨，肃肃宵征。几十年来，团结、务实、开拓、拼搏、奉献的滨州黄河职工向着“幸福”的目标，一步一个脚印，一棒接着一棒，无悔前行，奋斗不息。

“幸福”是什么？是在大河润泽下，齐鲁大地的沃野良田、广厦万千；是在安澜守望中，孔孟之乡的笑语欢歌、璀璨灯火；也是在感受温暖中，大河之滨的盎然春意、无尽希望。

民生无小事，枝叶总关情。他们传递以“基层为本、民生为重”的发展理念，描绘“单位多温馨、工作多创新、生活多开心”的发展图景，彰显为职工谋幸福的不变初心。他们种植菜园子、盖起活动室；他们驻扎黄河畔，沉浸“幸福里”；他们提升“民生温度”，交出“温暖答卷”——曾经的穷阎漏宇、茅屋采椽逐渐被设计精巧的小楼、整洁雅致的庭院所取代，职工脸上仿佛蒙尘的疲惫也渐渐绽放掩盖不住的幸福光彩。

在共建幸福河的伟大征程上，他们立足实际、不懈求索，深入挖掘黄河独特的自然、历史、人文内涵，做好“河地融合”文章，给滨州这座古老又崭新的城市印上深深的黄河烙印，在服务现代化城市建设中贡献不竭的黄河力量，令这条自然之河、生态之河堤坚岸美、幸福安澜，令这条文化之河、精神之河泽被齐鲁、润育万物，也令拥河而居的滨州蕴藉黄河母亲的无穷力量，汇聚大河奔流的蓬勃生机，奏响生态保护的黄钟大吕，引吭高质量发展的嘹亮凯歌。

我家就在岸上住

基层为本，民生为重。

长期以来，滨州黄河河务局把改善民生作为重点工作抓好抓实，先后把“星级”段所、“五型”段所、“黄河水利委员会示范性先进班组”创建纳入重点工作，从实际情况出发，围绕吃、住、行、工等实际需求，对各个段所“量体裁衣”，精心打造职工心目中的“五星职工之家”。

目前，滨州黄河河务局20个基层段全部达标“五星级”，其中14个基层段成功创建山东黄河“五型”段所，2家荣获“黄河水利委员会示范性先进班组”称号。基层段所已经真正成为科技创造、智慧迸发的创新阵地，规范管理、健康发展的民主家园，环境优美、绿色低碳的生态窗口，提升素养、澡雪精神的知识殿堂，身之所憩、心有所栖的幸福港湾。

20世纪80年代滨城黄河河务局北镇管理段庭院旧貌

融生态学、建筑学、园林艺术学于一身的滨州黄河河务局供水局胡楼闸管所庭院（张睿/供图）

滨州黄河河务局供水局簸箕李闸管所

（张睿/供图）

滨城黄河河务局韩墩管理段旧貌

邹平黄河河务局码头管理段全景（李林秋 / 摄）

▲ 邹平黄河河务局码头管理段一隅（李林秋 / 摄）

▶ 码头管理段职工趣味运动会（相树明 / 摄）

01 滨城黄河河务局大道王管理段庭院
（张睿 / 供图）

02 滨开黄河河务局兰家管理段
（兰智辉 / 摄）

03 兰家管理段“小庭院、大讨论”活动
（兰智辉 / 摄）

成为造福人民的幸福河
02

保护生态河道
建设美丽滨州
03

博兴黄河河务局王旺庄管理段旧址

博兴黄河河务局王旺庄管理段新貌（陈维达 / 摄）

惠民黄河河务局白龙湾管理段
（李林秋 / 摄）

惠民黄河河务局白龙湾管理段职工
（刘策源 / 摄）

惠民黄河河务局大崔管理段职工
（王宗智 / 摄）

惠民黄河河务局大崔管理段
（李林秋 / 摄）

滨州黄河河务局

滨州黄河河务局机关办公楼

（李林秋 / 摄）

滨州黄河河务局机关黄河四路旧址

（刘策源 / 摄）

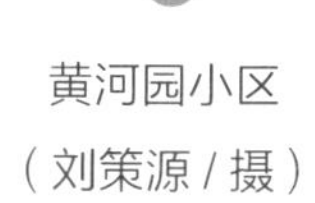

黄河园小区
（刘策源 / 摄）

时 间	组织机构	驻地
1949 年 11 月 25 日	垦利分局成立，辖惠民、滨县、蒲台、利津、垦利 5 个治河办事处	利津县城
1950 年 4 月	垦利分局	滨县北镇义和街
1950 年 7 月 26 日	改称惠垦黄河修防处，辖惠民、滨县、利津、垦利 4 个黄河修防段	
1953 年 3 月 18 日	齐蒲黄河修防处撤销，与惠垦黄河修防处合并，改称惠民黄河修防处，辖惠民、滨县、利津、垦利、齐东、高青、蒲台 7 个黄河修防段	
1958 年 11 月 20 日	更名为淄博黄河修防处	
1961 年 1 月 27 日	改称惠民黄河修防处	
1968 年 3 月上旬	惠民黄河修防处革命委员会成立	
1975 年 11 月	恢复惠民黄河修防处名称及隶属关系	
1976 年 5 月 1 日	惠民黄河修防处	滨州市黄河四路 523 号
1991 年 1 月	更名惠民地区黄河河务局，原县级规格不变	
1992 年 5 月 6 日	更名滨州地区黄河河务局	
2000 年 12 月 25 日	更名滨州市黄河河务局	
2004 年 11 月 1 日	更名山东黄河河务局滨州黄河河务局	
2008 年 11 月 21 日	山东黄河河务局滨州黄河河务局	滨州市黄河七路 331 号西区“黄河园”综合服务楼

惠民東营修防处科段長以上干部合影留念 1983.11.30.

01 1983年，东营黄河修防处成立，老惠民黄河修防处全体科段长以上干部合影（卢振国 / 供图）

02 惠民黄河修防处部分职工合影，前排左三为刘洪彬，后排左四为时任黄委副主任陈效国（刘维洲 / 供图）

03 时任惠民黄河修防处主任的刘洪彬（中）调研工作（刘维洲 / 供图）

04 张汝淮（右一）等山东黄河河务局离休老领导考察滨州黄河

姓名	单位	职务	任职时间
田浮萍	垦利分局	局长	1949年11月25日至1950年7月26日
	惠垦黄河修防处	主任	1950年7月26日至1953年3月18日
张汝淮	惠民黄河修防处	主任	1955年10月11日至1958年11月20日
	淄博黄河修防处	主任	1958年11月20日至1961年1月27日
	惠民黄河修防处	主任	1961年1月27日至1965年1月17日
	惠民黄河修防处革命委员会	主任	1969年11月16日至1971年5月
刘洪彬	惠民黄河修防处革命委员会	主任	1973年3月9日至1975年11月
	惠民黄河修防处	主任	1975年11月至1985年12月7日
刘恩荣	惠民黄河修防处	主任	1985年12月7日至1990年12月8日
	惠民地区黄河河务局	局长	1990年12月17日至1992年5月6日
	滨州地区黄河河务局	局长	1992年5月6日至1995年3月31日
周月鲁	滨州地区黄河河务局	局长	1995年3月31日至1996年5月10日
孙惠杰	滨州地区黄河河务局	局长	1996年3月18日至2000年12月25日
	滨州市黄河河务局	局长	2000年12月25日至2003年2月14日
王良田	滨州市黄河河务局	局长	2003年2月27日至2004年9月28日
	山东黄河河务局滨州黄河河务局	局长	2004年9月28日至2012年2月2日
张庆彬	山东黄河河务局滨州黄河河务局	局长	2012年2月2日至2018年1月22日
聂根华	山东黄河河务局滨州黄河河务局	局长	2018年1月22日至2019年12月23日
孙明英	山东黄河河务局滨州黄河河务局	局长	2019年12月23日至今

邹平黄河河务局

04 邹平黄河河务局 2000 年迁入邹平县城黄山一路 33 号（邹平黄河河务局 / 供图）

05 邹平黄河河务局原台子管理段驻地（邹平黄河河务局 / 供图）

01 邹平黄河女职工劳动场景
（邹平黄河河务局 / 供图）

02 邹平黄河河务局职工合影
（邹平黄河河务局 / 供图）

03 邹平黄河河务局职工参加党建学习教育
（邹平黄河河务局 / 供图）

时　间	组织机构	驻　地
1946 年 6 月	山东省黄河河务局驻齐东县治河办事处成立，机关设总务、工程、供给、航运 4 股及工程队，辖延安、曹务、台子、马扎子 4 个分段	齐东县码头镇北高村
1949 年 5 月	山东省黄河河务局驻齐东县治河办事处	齐东县码头镇小牛王村
1949 年 8 月	山东省黄河河务局驻齐东县治河办事处	齐东县码头镇黄龙背村
1949 年 11 月 25 日	山东省黄河河务局清河分局成立，齐东县治河办事处划归清河分局管辖	
1950 年 4 月	齐东县治河办事处	码头镇大牛王村
1950 年 7 月 26 日	更名齐东黄河修防段，归属齐蒲黄河修防处管辖	
1951 年 8 月	齐东黄河修防段	台子镇台东村
1953 年 12 月	齐东黄河修防段	台子镇台东村与台西村交接处
1956 年 3 月 23 日	改为齐东黄河第一修防段	
1958 年 11 月 20 日	改为邹平黄河修防段	
1990 年 12 月 8 日	更名邹平县黄河河务局（1991 年 1 月 1 日挂牌），为副县（处）级单位	
2000 年 7 月 20 日	邹平县黄河河务局	邹平县城黄山一路 33 号
2004 年 11 月 1 日	更名滨州黄河河务局邹平黄河河务局	

惠民黄河河务局

<table>
<tr><th>时 间</th><th>组织机构</th><th>驻 地</th></tr>
<tr><td>1946 年 5 月 22 日</td><td>惠民治河办事处成立</td><td>魏集丁河圈</td></tr>
<tr><td>1948 年 10 月</td><td>惠民治河办事处</td><td rowspan="4">八区清河镇</td></tr>
<tr><td>1950 年 7 月 26 日</td><td>更名惠民黄河修防段</td></tr>
<tr><td>1968 年 7 月 18 日</td><td>惠民黄河修防段成立革命委员会</td></tr>
<tr><td>1978 年 8 月 15 日</td><td>恢复惠民黄河修防段</td></tr>
<tr><td>1984 年 4 月</td><td>惠民黄河修防段</td><td rowspan="2">白龙湾淤背区</td></tr>
<tr><td>1991 年 1 月 1 日</td><td>更名惠民县黄河河务局，为副县（处）级单位</td></tr>
<tr><td>1997 年 12 月 8 日</td><td>惠民县黄河河务局</td><td rowspan="2">惠民县城东关街 288 号</td></tr>
<tr><td>2004 年 11 月 1 日</td><td>滨州黄河河务局惠民黄河河务局</td></tr>
<tr><td>2004 年 11 月 18 日</td><td>滨州黄河河务局惠民黄河河务局</td><td>惠民县文安东路 218 号</td></tr>
</table>

惠民黄河河务局办公楼（马文忠 / 摄）

1957 年，惠民黄河修防段防汛先进工作者
（惠民黄河河务局 / 供图）

1984 年以前的惠民黄河修防段驻地前排房屋（李林秋 / 摄）

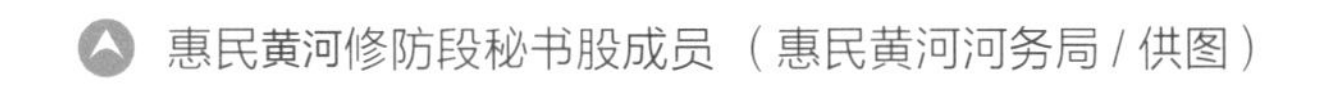
惠民黄河修防段秘书股成员（惠民黄河河务局 / 供图）

惠民黄河修防段职工（惠民黄河河务局 / 供图）

滨开黄河河务局

滨开黄河河务局前身张肖堂黄河管理处旧址

滨开黄河河务局部分干部职工（兰智辉 / 摄）

滨开黄河河务局办公楼（兰智辉 / 摄）

时 间	组织机构	驻 地
2003 年以前	滨城区黄河河务局张肖堂管理段	滨州经济技术开发区黄河大道
2003 年 1 月 1 日	滨州市黄河河务局张肖堂黄河管理处成立	
2010 年 3 月	更名滨州黄河河务局滨开黄河河务局，升格为副县（处）级	

原滨县黄河修防段职工
（卜鹏 / 供图）

滨城黄河河务局

滨城黄河河务局新貌
（滨城黄河河务局 / 供图）

滨城黄河河务局道旭办公旧址
（滨城黄河河务局 / 供图）

01 20世纪70年代黄河职工使用打字机
（滨城黄河河务局 / 供图）

02 1958年，滨县黄河修防段工务股职工
（滨城黄河河务局 / 供图）

03 滨州黄河修防段职工代表大会参会代表
（滨城黄河河务局 / 供图）

时 间	组织机构	驻 地
1946年6月8日	山东省黄河河务局驻滨县治河办事处成立	滨县杜店镇大安定村
1947年9月	滨县治河办事处	张肖堂村
1950年7月26日	滨县黄河修防段	
1958年11月20日	与惠民黄河修防段合并为惠民黄河修防段	惠民县清河镇
1961年4月	惠民、滨县两县分设黄河修防段，重新建立滨县黄河修防段	滨县杜店镇张肖堂村
1976年7月6日	滨县黄河修防段	滨县北镇义和街
1983年1月6日	北镇分段由滨县黄河修防段划归滨州黄河修防段	小营镇道旭
1983年1月至1987年3月	滨县黄河修防段 滨州黄河修防段	滨州市渤海三路505号 滨州市小营镇
1987年4月14日	滨县、滨州两黄河修防段合并为滨州黄河修防段	滨州市渤海三路505号 （滨州市北镇义和街）
1990年12月8日	更名滨州市黄河河务局（1991年1月1日挂牌），为副县（处）级单位	
2000年12月25日	更名滨州市滨城区黄河河务局	
2002年10月19日	滨州市滨城区黄河河务局	滨州市黄河十路585号
2004年11月1日	更名滨州黄河河务局滨城黄河河务局	

01

02

03

博兴黄河河务局

博兴黄河河务局王旺庄管理段职工组队参加防汛抢险技能比武
（博兴黄河河务局 / 供图）

薛九龄与博兴黄河修防段工务股同志合影，前排左二起为尚锡久、薛九龄，后排左一为刘吉林，左三起为薛剑青、刘恩荣、马泽芳（滨城黄河河务局 / 供图）

1950 年，高苑治河办事处职工合影，前排左起李振英、崔纪明、傅厉卿；后排左起殷瑞祥、郭明、陈雨亭、丁承林（卢振国 / 供图）

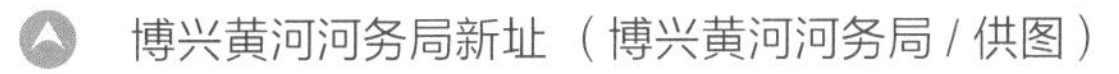
博兴黄河河务局新址（博兴黄河河务局 / 供图）

博兴黄河河务局道旭旧址（滨城黄河河务局 / 供图）

蒲台黄河修防段整党学习学员（滨城黄河河务局 / 供图）

时　间	组织机构	驻　地
1946 年 8 月	蒲台办事处成立	蒲台县麻湾村
1950 年 7 月 26 日	改为山东黄河河务局蒲台黄河修防段	
1953 年 12 月	山东黄河河务局蒲台黄河修防段	小营镇道旭
1956 年 2 月	蒲台、博兴两县合并，3 月 23 日随行政区划的变动，蒲台修防段更名为博兴黄河修防段	
1956 年 3 月 23 日	更名博兴黄河修防段	
1981 年 5 月	博兴黄河修防段	堤南新院
1983 年 10 月	博兴黄河修防段	王旺庄
1990 年 12 月	更名博兴县黄河河务局（1991 年 1 月 1 日挂牌），为副县（处）级单位	
1997 年 7 月	博兴县黄河河务局	博兴县城胜利四路 219 号
2004 年 11 月 1 日	更名滨州黄河河务局博兴黄河河务局	

01

02

05

滨州建筑安装工程处

01 原办公楼

02 20 世纪 80 年代，领导班子主要成员在工地

03 部分离退休职工

04 1982 年 12 月，召开首届职工代表大会

05 原基地大门

时　间	组织机构	驻　地
1979 年 12 月 20 日	山东黄河河务局惠民建筑安装队成立	高青县刘春家建闸工地
1980 年 11 月	山东黄河河务局惠民建筑安装队	北镇宣家东侧安装队基地
1989 年 12 月 14 日	更名山东黄河工程总队惠民工程处	
1993 年 2 月 5 日	更名山东黄河工程开发有限总公司滨州建筑工程处	
1995 年 4 月 19 日	更名为山东黄河工程局滨州建筑安装工程处	

凝心聚力惠民生

以职工的利益诉求为切入点，以改善基层职工工作和生活环境为突破口，长期以来，滨州黄河河务局加强基础设施建设，扶危济困、关爱互助，统筹兼顾、多措并举，为基层职工办实事，让职工感受温暖、追逐梦想，共享改革发展成果。

自 2012 年开始，基层段所职工告别低矮破旧的管理房，住进宽敞明亮、公寓化管理的新楼房，职工宿舍、食堂、洗浴间、会议室、办公室、图书室、文娱室等舒适贴心、功能齐全，院落绿树掩映、鲜花盛开，健身场地、器材一应俱全，直饮纯净水设备安装彻底解决了基层职工的饮水安全问题，确保了职工身体健康。

本着“扎实为民办实事”的理念，滨州黄河河务局夏送清凉、冬送温暖，创建“五型”段所、“职工满意食堂”，建设“美丽庭院”和“职工绿色小菜园”，每年定期组织走访慰问、健康体检和娱乐活动，职工工作着、生活着、快乐着，真正感受到了“家”的温暖，幸福指数不断攀升。

“凝聚青春力量，共建美好家园”青年职工思想大讨论

慰问台风受灾基层职工

“送清凉”到一线

滨开黄河河务局开展“共建幸福单位、共享幸福成果”活动

滨开黄河河务局“幸福单位”建设在行动（兰智辉 / 摄）

滨城黄河河务局端午节充实温馨
（李帆 / 摄）

01

02

03

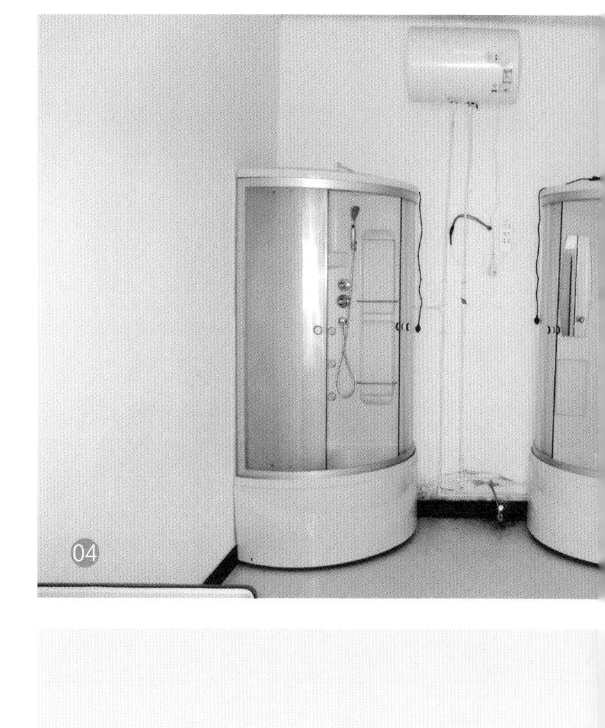

04

07

08

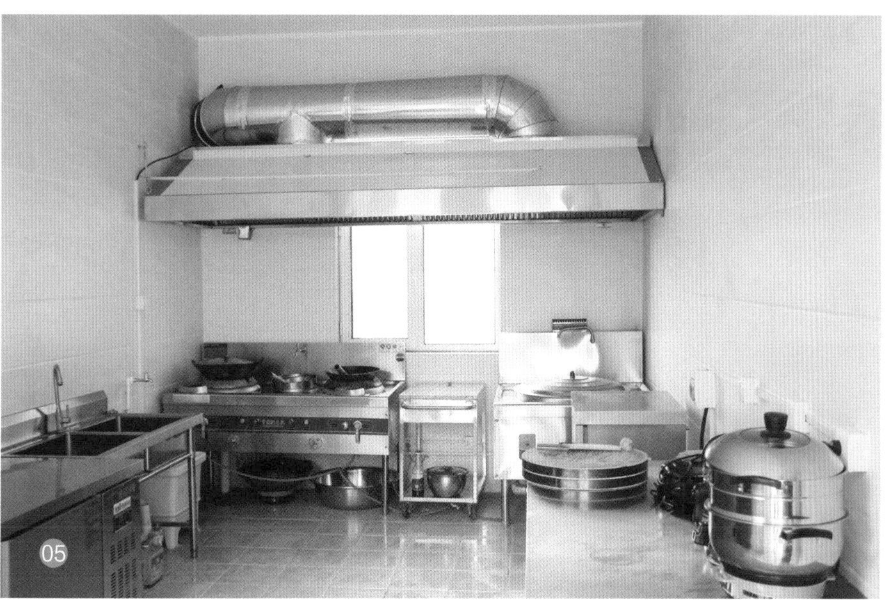

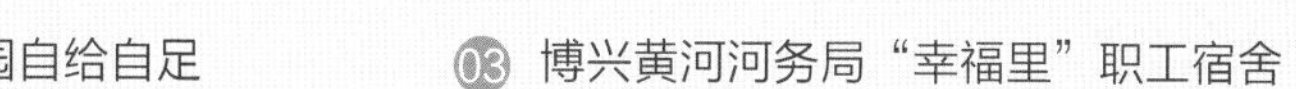

01 滨开黄河河务局兰家管理段庭院职工果园（兰智辉 / 摄）

02 滨州黄河河务局供水局职工菜园自给自足

03 博兴黄河河务局“幸福里”职工宿舍

04 惠民黄河河务局职工高标准浴室

05 滨开黄河河务局兰家管理段职工满意食堂（兰智辉 / 摄）

06 惠民黄河河务局管理段职工健身角（李林秋 / 摄）

07 博兴黄河河务局“幸福里”职工食堂（盛丽艳 / 摄）

08 惠民黄河河务局白龙湾管理段活动室

09 博兴黄河河务局“幸福里”职工书吧（丁海洋 / 摄）

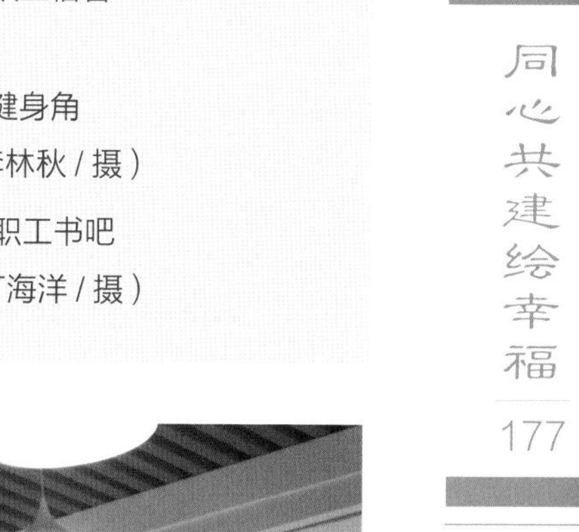

民主管理

滨州黄河工会紧紧围绕治黄中心任务，充分发挥党联系职工群众的桥梁和纽带作用，积极带领各基层工会开拓创新，认真履行“建设、参与、维护、教育”职能，在促进滨州黄河事业和谐发展、提高职工素质、维护职工权益、构建和谐劳动关系、凝聚职工队伍等方面发挥着积极作用。

创新推进职工代表大会制度。根据发展变化的新形势，制定印发《关于进一步加强职工代表大会建设的实施意见》，进一步规范职工代表大会制度。2014年，滨州黄河河务局承担山东黄河职工代表大会改革试点任务。截至2015年，滨州黄河5个县（区）河务局及供水局、山东恒泰工程集团有限公司、滨州恒达养护公司全部建立职工代表大会制度。在试点工作中，以职工代表大会为主要形式的系列民主管理制度和配套制度建设、职工代表大会规范化建设工作取得丰硕成果。

滨州黄河修防段首届职工代表大会（滨城黄河河务局/供图）

1999 年，滨州地区河务局首届职工代表大会代表（于文清 / 供图）

博兴县黄河工会第五届职代会选举

1982 年，四宝山石料收购站首届职工大会召开

且以融会共远方

穿城而过的黄河，滋养生命，交融文化。

2019 年国庆节前夕，“千人黄河大合唱”响彻滨州黄河兰家险工，也唱响了新时代滨州黄河发展的奋进曲；激情飞扬的万人骑行大军，在美轮美奂的滨州黄河大堤赛道上演绎了精彩绝伦的“速度与激情”；昔日的黄河滩涂华丽转身十里荷塘，景区内荷花盛放；借助滨州黄河堤防修筑的城区东西向交通枢纽“黄河大道”，开创了河地融合发展的先例……

城市发展与母亲河保护治理的交融，使滨州更具别样的黄河风情。肩负共建幸福文明新滨州职责使命的滨州黄河职工，凝聚河地无穷力，且以融会共远方。

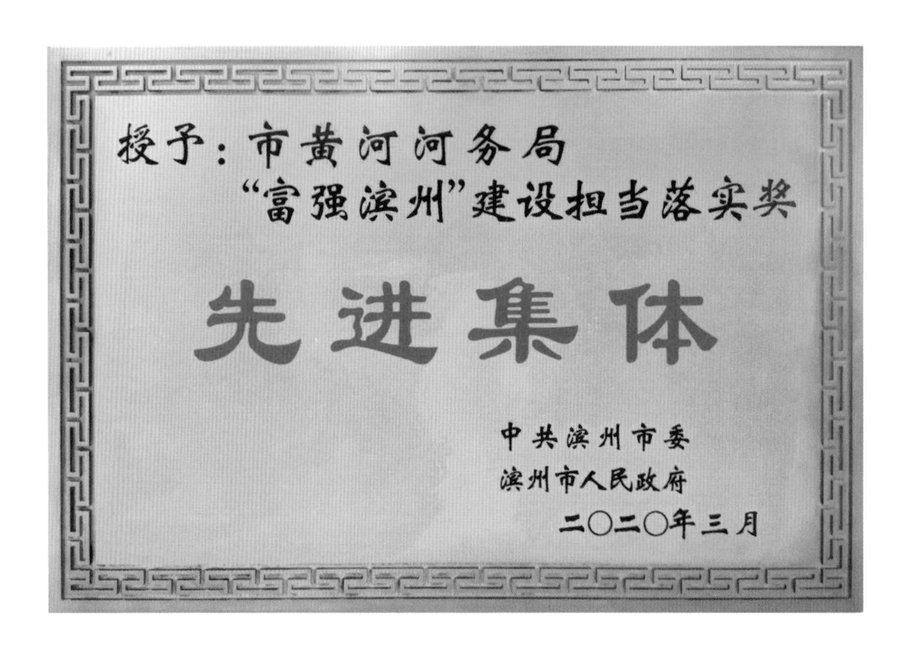

“富强滨州”建设担当落实奖

滨州黄河河务局联合地方组织开展义务植树活动（成志 / 摄）

山东省沿黄 9 市一体打造黄河下游绿色生态走廊暨生态保护重点项目开工活动滨州分现场（兰智辉 / 摄）

2021 年 3 月 13 日，滨州市委书记佘春明（中）、市长宋永祥（右）、参加滨州黄河淤背区生态修复工程开工活动。滨州黄河河务局局长孙明英（左）汇报工作开展情况（曹川 / 摄）

中央文明办、水利部联合黄河水利委员会举办“关爱山川河流 · 保护母亲河”全河联动志愿服务活动，山东分会场设在打渔张引黄闸文化广场（李靖康 / 摄）

滨州黄河大道

滨州黄河滩区生产堤（李靖康 / 摄）

滨州黄河风情带国际公路自行车赛开幕式 （刘杰 / 摄）

借助黄河大堤开展的国际自行车骑行赛（赵芳芳 / 摄）

01

庆祝中华人民共和国成立 70 周年滨州黄河风情带文化艺术季系列活动之一“千人黄河大合唱”在滨州黄河畔唱响

（图 1 兰智辉 / 摄 图 2 刘杰 / 摄）

齐东古城遗址　（林渊 / 摄）

滨州黄河河务局邀请滨州市文联书画家采风写生

滨州市美术协会组织人员在博兴黄河打渔张引黄闸考察写生，用画笔展现“让黄河成为造福人民的幸福河”的美好祝愿

滨州黄河之星——生态园
（陈维达 / 摄）

滨开黄河河务局张肖堂险工与地方共建的廉政主题教育公园黄河清风园（兰智辉 / 摄）

邹平黄河梯子坝日晷 （王璞 / 摄）

第六章 河海相济惠滨州

从曾经的漫天黄沙，到如今的风景如画；从曾经的盐碱荒滩，到如今星光璀璨的“黄河明珠”，黄蓝交汇之下的滨州，走过了一段艰难而辉煌的征途。

历史上的滨州黄河曾经“三年两决口”，致使滨州地区沟河淤塞、沙丘成岭，旱、涝、碱、洪、潮交替侵袭，给人民带来深重灾难，也给这座城市留下了难以愈合的创伤；大部分处于滨海地带的滨州，淡水资源涵养能力差，多数地区地下水苦、咸、涩，人畜无法饮用，灌田浇地也不适宜。水资源一直是制约滨州地区经济和社会发展的“瓶颈”。

人民治黄以来，世世代代在这片土地上生活和耕耘的人们，不甘心“等、靠、要”，在携手抵御自然灾害的同时，不断开拓、不懈求索，致力发展引黄兴利事业，决心充分用好黄河水资源。如今，滨州地区已建引黄涵闸 14 座，设计引水能力 516 立方米每秒，年平均引黄水量保持 12 亿立方米左右。

源源不断的黄河水流进田间地头，流入千家万户。它结束了沿黄“看天吃饭”的历史，曾经土地瘠薄、撂荒成片、耕地盐碱的山东“北大荒”，已蝶变为闻名全国的“渤海粮仓”和黄河三角洲高效生态经济区、山东半岛蓝色经济区重要城市。它孕育了“三生三美”的绿色长廊，曾经“黄沙遮蔽日，飞鸟无栖树”的滨河之城，正变幻出城水相依、人水和谐的美妙图景。黄河，给这座滨河之城系上了一条带来活力与富饶的“金腰带”；水，昔日制约发展的“短板”，已成为当今滨州的魅力所在、优势所在和希望所在。

黄与蓝的融合，给崭新的滨州涂抹了充满生机的底色。生态宜居的新滨州，定不负河海的深情馈赠！

引黄灌溉

滨州，地处黄河三角洲腹地。作为受海潮侵袭的“退海之地”，滨州地区土地盐碱化严重，地表淡水资源短缺，用于农业灌溉和人畜饮用的地下水资源极度匮乏，可饮用水源只有黄河水。

黄河水，是滨州人民心中的生命之源；引黄灌溉，是滨州地区经济社会发展的破局之道。

虹吸是山东黄河最早的引黄灌溉设施。滨州黄河虹吸引黄淤灌之路始于民国廿二年（1933 年）。新中国成立后，国家有计划地治理黄河，在除害保安全的同时，大力发展引黄兴利事业。至 1985 年，滨州沿黄县（区）先后兴建大小引黄闸 16 座（部分已按防洪需要改建或废除）、虹吸引黄工程 9 处、黄河滩区穿堤扬水站 58 处，当时总设计引水能力 425 立方米每秒。

历史上的引黄虹吸工程

惠民黄河河务局职工维修归仁虹吸

01 02 1956 年的黄河虹吸工程（原藏：山东黄河河务局档案室）

03 1958 年，滨县虹吸指挥部渠首施工点（董淑兰 / 供图）

原惠民地区的引黄灌溉事业，经历了从无到有、从小到大、曲折发展的过程。引黄渠首的建设，分为试办与发展、停建与停泄、再发展与改建调整 3 个阶段。

第一阶段，1956 年至 1960 年，试办与发展阶段。为解决滨县 4 个区群众生活用水和部分地区农田灌溉问题，惠民专员公署曾于 1953 年、1954 年向山东省人民政府申报修办张肖堂虹吸引黄工程。1955 年，山东省水利厅函复同意。经山东黄河河务局审核设计任务书，确定修建直径 0.77 米虹吸 5 条，引水流量 5 立方米每秒。1956 年 1 月，山东省人民委员会第十一次会议决定大力发展引黄灌溉，于是，张肖堂虹吸引黄工程设计规模扩大为 9 条，其中直径 0.9 米的 7 条、直径 0.77 米的 2 条，1956 年建成。当年建成的还有白龙湾、刘春家、大道王等虹吸工程。同时，山东打渔张引黄工程开始兴建，惠民地区引黄兴利事业从实践起步。截至 1960 年，滨州地区共建引黄涵闸 5 座、虹吸 4 处，设计引水流量 549 立方米每秒，控制灌溉面积（包括东营市各县）800 万公顷。

第二阶段，1961 年至 1965 年，引黄停灌、工程废弃阶段。因 20 世纪 50 年代引黄灌排工程不配套，加之耕作粗放，大引、大蓄、大灌，致使地下水位急剧上升、土地大量次生盐碱化。1962 年春，山东范县会议决定停止引黄灌溉。引黄渠首工程不再新建，原有工程多数处于无人管理状态，引黄灌区除打渔张保留外，其余废渠还耕，工程设施破坏、损失极其严重，对人力、财力造成极大浪费。

第三阶段，1966 年至 1985 年，引黄复灌再发展与改建、调整阶段。引黄停灌 5 年，滨州地区狠抓排涝改碱，降低地下水位，干旱周期重现。1965 年，干旱严重影响贫水区的工农业生产，沿黄和引黄灌区迫切要求恢复引黄灌溉。1966 年 3 月，水利电力部复函山东省委，同意在总结经验教训的基础上，贯彻积极慎重的方针，开始复灌。根据当时的管理水平，滨州地区引黄灌溉向小型、密集型发展，调整了一些灌区。为保证枯水期引水，早期所建 4 处虹吸工程有 3 处被涵闸替代，在引水条件稳定的险工又相继兴建了一批引黄工程，并配套建成几处扬水站。伴随防洪水位的不断提高，从安全角度出发，20 世纪 50 年代和 60 年代初期兴建的 5 座引黄闸全部改建。

小开河引黄闸建设

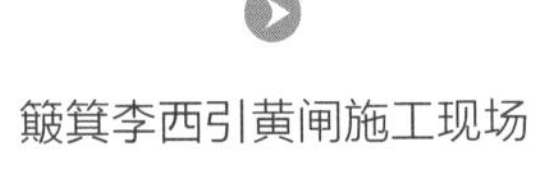

簸箕李西引黄闸施工现场

胡楼引黄闸改建

张桥引黄闸改建

归仁引黄闸勘测

断流之殇

黄河之水天上来，万里奔流赴东海。何曾想有这样一个年代，“天上”奔涌而来的黄河水，经历断流之殇，再不赴“东海”之约。

黄河下游河道1972年首次断流，此后至20世纪末，接续发生断流现象，最为严重的1997年，断流时间长达226天。

因无水浇灌，大片农作物枯萎。1972年至1996年，由于断流，黄河下游地区农业累计受旱面积4.7亿公顷，粮食减产98.6亿千克，直接经济损失122亿元。

工矿企业因缺水不得不限产、停产。1996年，黄河断流136天，滨州市造纸厂等多家企业被迫停产一个半月，滨州地区工业生产值损失1.8亿元。

断流使生态环境遭到极端破坏。黄河三角洲自然保护区萎缩，近海水域鱼类由149种减少到86种，曾经年产100万千克的黄河刀鱼在20世纪90年代末几乎绝迹……

01 孩子在断流的河道里嬉戏（韩忠新/供图）

02 20世纪90年代前，沾化县农村人畜用水主要靠坑塘水、小型水库蓄水、砖井和机井地下水，水质低劣。图为排队取水情景（滨州市水利局/供图）

03 20世纪90年代，滨州黄河断流（韩忠新/供图）

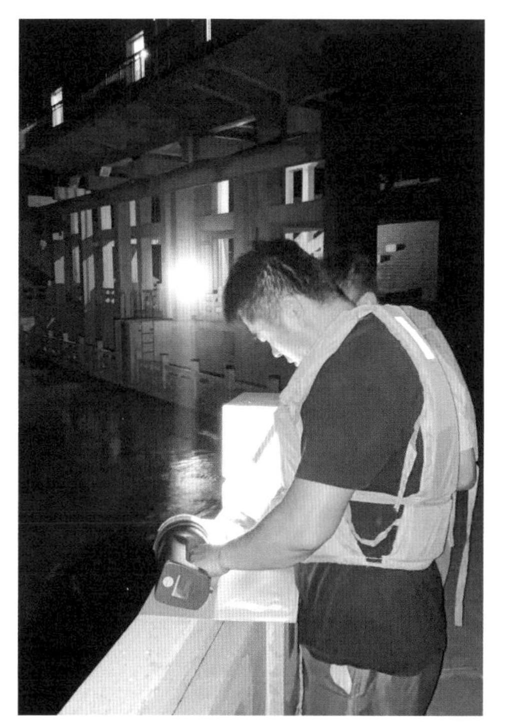

加强夜间水位观测

查看簸箕李闸室

科学管控

1999 年，黄河水利委员会开始对黄河水量实施统一调度。滨州黄河河务局按照上级部署，精心组织、科学调度，最大限度发挥供水调度枢纽作用，全力保障地区用水需求，实现水资源优化配置，保障有限的黄河水资源发挥最大的效益，有力地促进了滨州社会稳定和经济快速发展。

自 2006 年以来，滨州黄河实施“两水分供、两水分计”，逐步扭转了长期以来两水混供、农水工用、工农业争水抢水的局面，得到了社会的广泛认可；推进落实最严格的水资源管理制度，狠抓引水源头管控、用途管制和生产监督检查，严控滨州地区引水总量，供水结构明显改善，经济效益显著提高。

01 小开河闸供水测流

02 信息化助力供水监管

03 农民喝上了自来水

（滨州市水利局 / 供图）

打渔张灌区

打渔张引黄灌区控制灌溉面积 16.1 万公顷，是山东主要灌区之一。渠首老、中、新三代引黄闸并排屹立在博兴王旺庄险工，见证着黄河历史变迁，演绎着“三闸并立齐飞潮，引水东区共听涛”的壮美故事（陈维达 / 摄）

灌区美丽田园（滨州市水利局 / 供图）

1956 年，打渔张灌区开灌通水庆典场面（滨州市水利局 / 供图）

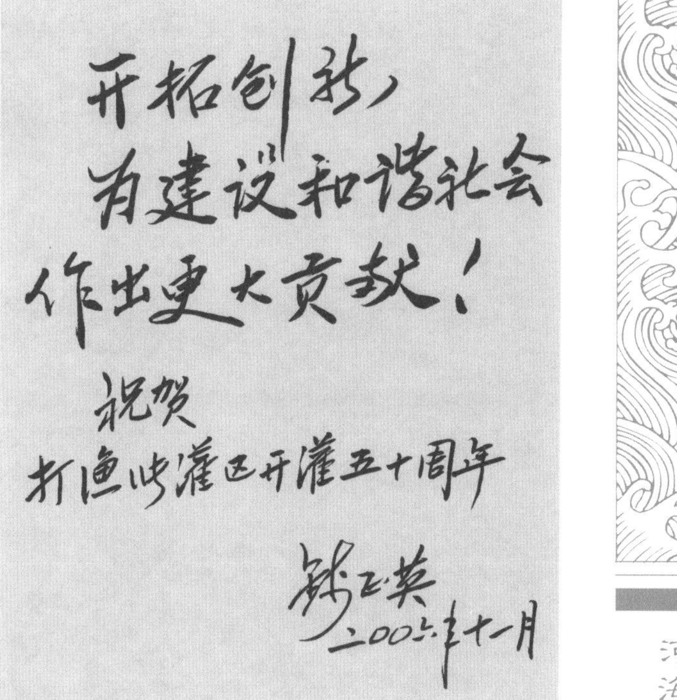

全国政协原副主席、中国工程院院士、原水利电力部部长钱正英为打渔张灌区开灌 50 周年题词

打渔张引黄灌区
（滨州市水利局 / 供图）

簸箕李灌区

簸箕李引黄灌区南北长 130 千米、东西平均宽 17 千米，是山东省大型引黄灌区之一。经过 60 余年建设，灌排系统初具规模，形成了较为完善的引、输、蓄、排四大工程体系（成志 / 供图）

簸箕李渠首闸输水（成志 / 供图）

俯瞰簸箕李渠首闸（陈维达 / 摄）

小开河灌区

小开河灌区贯穿滨州市黄河以北5个县（区），已累计引蓄黄河水50余亿立方米，解决了50余万人的历史性饮水问题。2010年，灌区被评为国家级水利风景区，2020年成为全国第一个引黄灌区湿地公园 （滨州市水利局/供图）

韩墩灌区

韩墩引黄闸（陈维达 / 摄）

韩墩引黄渠首风貌（侯贺良 / 摄）

韩墩引黄灌区有效灌溉面积 60 万公顷，为国家大（Ⅱ）型灌区，惠及 13 个乡镇（办）504 个自然村。2012 年，韩墩灌区成功创建为省级水利风景区，2014 年入选国家级水利风景区（陈维达 / 摄）

胡楼引黄灌区位于黄河下游左岸邹平河段，共有干、支、斗渠 435 条，滋养自然村庄 501 个、人口 37 万
（陈维达 / 摄）

胡楼引黄渠首美景（陈维达 / 摄）

受益麦田（陈维达 / 摄）

目前，滨州地区正常运行引黄水闸 14 座，拥有万亩以上引黄灌区 13 处，灌溉面积 38.6 万公顷，多年年均引用黄河水 12 亿立方米，受益人口 380 万，引黄供水范围覆盖滨州市 95% 以上人口和绝大部分工农业生产，在北部重盐碱地改良和河湖水系生态用水调剂方面发挥了重要作用。

曾经的赤地千里、碱蓬遍地、风到沙起、粮食低产，在黄河母亲甘甜乳汁的连年滋养中，如今已是水清岸绿、生态多样、土地肥沃、稻菽千重。

美丽的滨州黄河滩区（李忠 / 摄）

引黄灌区丰收在望（李林秋 / 摄）

引黄灌区涌动着金色的麦浪（李健生 / 摄）

白龙湾引黄闸

黄河水浇灌出丰收喜悦（王璞/摄）

白龙湾引黄闸（陈维达/摄）

01 渤海粮仓（滨州市水利局 / 供图）

02 03 渤海粮仓（陈维达/摄）

滟滟随波万里潮

滨州，位于黄河尾闾，是黄河三角洲中心城市，也是山东省乃至华北地区重要的工农业基地，魏桥纺织、京博实业、鲁北化工、中裕粮油等知名企业享誉中外。

同时，滨州也是严重缺水型地区，境内90%以上用水依赖黄河供给，黄河水在滨州经济社会发展中发挥着不可替代的作用。

工农业生产和国民经济的迅猛发展，对“水”提出了更高要求。滨州人民掀起引蓄工程建设热潮，陆续兴建以工业供水为主的滨州西海、江南、龙饮水库，邹平码头、韩店水库，沾化金沙水库，惠民李庄水库，阳信雾宿洼，博兴打渔张水库，北海开发区北海水库；扩建以城乡供水为主的思源湖（毛家洼水库）、孙武湖以及三角洼、王山、幸福、南海等水库，设计库容达到5.76亿立方米，每个县（区）均建成1座以上千万立方米水库。

01

04

01 韩店水库生态景观 （陈维达 / 摄）

02 十年引黄调水助推滨州民生发展（李林秋 / 摄）

03 碧波荡漾的思源湖 （陈维达 / 摄）

04 纯梁水库 （陈维达 / 摄）

01

02

03

01 龙潭水库（陈维达 / 摄）

02 三角洼水库（陈维达 / 摄）

03 思源湖水库（陈维达 / 摄）

04 龙潭水库 （李林秋 / 摄）

05 李庄水库（陈维达 / 摄）

北海水库（陈维达 / 摄）

01 幸福水库（陈维达 / 摄）　02 孙武湖水库（陈维达 / 摄）　03 西海水库（陈维达 / 摄）

04 北海水库（陈维达 / 摄）　05 南海水库（刘轲 / 摄）　06 黛溪湖（陈维达 / 摄）

05

06

千年天堑变通途

“隔河如隔山，一趟好几天。踩冰淌冷汗，如过鬼门关。”被黄河这道“天堑”横亘东西、南北两望，滨州人苦其久矣。建桥，成为滨州人破解这一困局的终极选择。

目前，滨州境内建成通车的 4 座黄河大桥是北镇黄河大桥、滨博高速滨州黄河公路大桥、滨州公铁两用大桥和惠青黄河公路大桥，其中北镇黄河大桥于 1972 年 10 月 1 日建成通车，成为当时黄河下游最壮观的桥梁；正在火热建设的 3 座黄河大桥分别是滨州黄河大桥、沾临高速黄河大桥、乐安黄河大桥。桥与水，刚柔相济，让母亲河真正成为滨州的景观河、幸福河。

惠青黄河公路大桥（马文忠 / 摄）

滨州公铁两用大桥（李林秋 / 摄）

滨博高速滨州黄河公路大桥
（李林秋 / 摄）

滨州黄河大桥
（刘轲 / 摄）

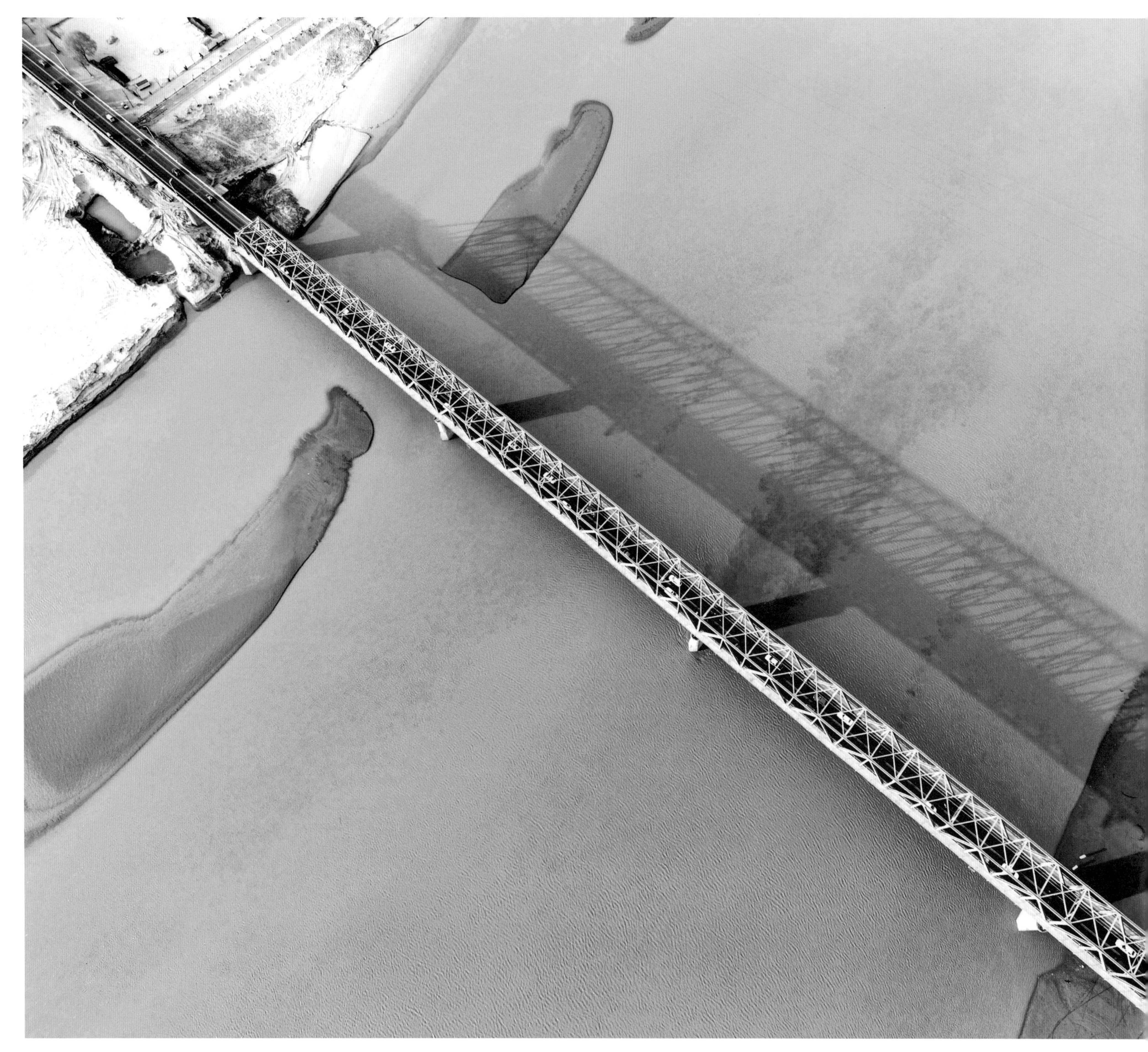

滨州黄河翟家寺浮桥（刘珂 / 摄）

滨州黄河引黄崔浮桥（刘珂 / 摄）

滨州黄河西外环浮桥（刘珂 / 摄）

滨州黄河大桥（李靖康 / 摄）

林茂水美气象新

以河为脉，滨州的兴衰从来都与治黄事业发展密切相伴。今天的滨州，在探索与实践中诠释着水生态文明的崭新内涵。

2019 年 9 月，随着黄河流域生态保护和高质量发展上升为重大国家战略，滨州市委、市政府高度重视黄河滨州河段生态保护和高质量发展，深入谋划跨河发展，打造黄河风情带、“走近黄河”城市名片，提出大力推进沿黄湿地生态修复工程，把城市品质和“幸福黄河”工程一体化提升的总体要求。

滨州黄河职工正在聚力打造河湖安澜、供水安全、生态健康、人水和谐、文化繁荣的幸福河征程上奋勇跋涉，响应滨州生态新城建设战略，打造水秀绿荫、风景宜人、钟灵毓秀、生态宜居的“北国江南”。

小开河干渠徒骇河渡槽
（滨州市水利局 / 供图）

黄河水滋养十里荷塘（刘杰 / 摄）

群鸟翔集 （刘杰 / 摄）

小开河国家级湿地公园（周晓黎 / 摄）

蒲湖景色（李忠/摄）

01 滨州市政广场（李林秋 / 摄）

02 中海夜色（李忠 / 摄）

03 滨州十里荷塘（刘杰 / 摄）

04 中海全景（李林秋 / 摄）

02

01

02

03

01 长河落霞（李林秋 / 摄）

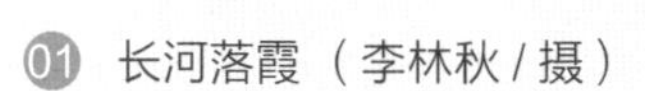

02 中海夜景（李林秋 / 摄）

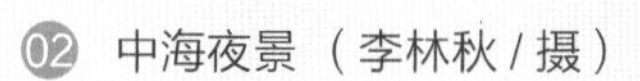

03 蒲园晚霞（李林秋 / 摄）

04 秦皇河公园（宣守明 / 摄）

01 蒲园夕照（李林秋 / 摄）

02 湿地公园白鹭飞翔（刘杰 / 摄）

03 小开河沉沙池、沉沙区生态治理后满目苍翠 （滨州市水利局 / 供图）

04 新立河（李靖康 / 摄）

05 南海水利风景区 （滨州市水利局 / 供图）

04

05

滨州十里荷塘 （刘杰 / 摄）

01 美在滨州（兰智辉 / 摄）

02 打渔张森林公园小景（张睿 / 摄）

03 黄河滩上十里荷塘（陈维达 / 摄）

04 航拍滨州城区（陈维达 / 摄）

02

04

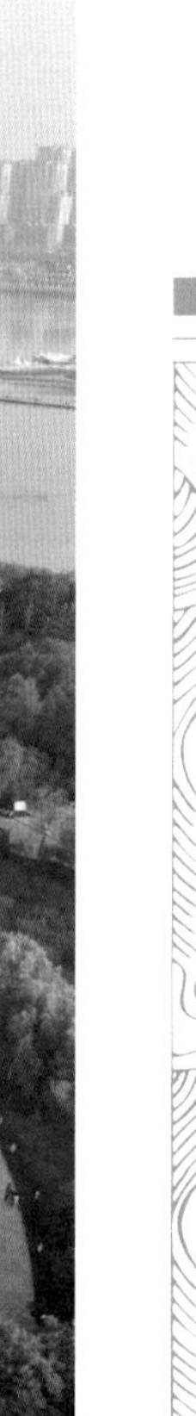

01

01 秋日滨州更亮丽（李林秋 / 摄）

02 河润滨州（李忠 / 摄）

03 彩虹湖广场（宣守明 / 摄）

01

01 中海飞舟（李林秋 / 摄）

02 天鹅雅趣 （宣守明 / 摄）

03 黄河水孕育秦皇河公园（刘策源 / 摄）

04 黄河垂钓（宣守明 / 摄）

05 秦皇河晚霞（宣守明 / 摄）

03

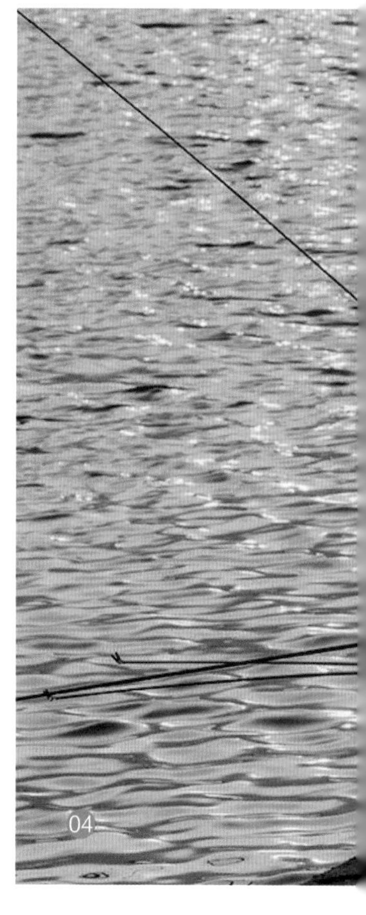
04

02

05

蒲湖朝霞 （宣守明 / 摄）

后记

编辑《在河之州——滨州黄河印象》图集，是对 1946 年人民治黄以来滨州黄河保护治理历史图片的第一次系统搜集和整理，是对各个历史阶段影像的“全画幅式”记录和展示。

编辑本图集，总的设想是从 1946 年 5 月黄河归故、人民治黄艰难起步开始，一直到“河惠滨州”，抢救性挖掘、梳理人民治黄的历史背景，用图片直观、形象、生动地展现人民治黄 75 年的辉煌历程；核心是弘扬“黄河精神”，传承黄河文化。

编写组于 2020 年 5 月 6 日组建，由刘策源、兰智辉、李娜、曹川 4 人组成。接受任务后，编写组带着对黄河、对治黄历史的深厚感情，以高度负责的精神，主动加班加点、昼夜奋战，全身心投入编辑工作，付出了艰苦的劳动。他们赴黄河河口管理局学习，又先后赴黄河水利委员会档案馆、山东黄河河务局档案室、渤海解放区革命斗争纪念园、渤海解放区机关纪念旧址、淄博述青藏古博物馆采集重要历史照片，先后得到崔光、蔡铁山、闫训立、刘树松，滨州市政协文史委孟庆永等专家的鼎力相助，滨州市摄影家协会刘杰、宣守明，滨州市水利局水利史志专家王勤山的大力支持，汇集了大量治河画片和水文化图片。

这次共征集照片 2 万余幅，初选收录图片 2700 余幅，经黄河报社编辑指导，又压缩到 1100 余幅，到成书定稿时约用图 540 幅。

黄河水利委员会的陈维达、林渊亲临滨州黄河，操作无人机航拍黄河工程、引黄灌区和水库等；黄河河口管理局崔光给予图集制作业务指导，并提供了人民治黄关键节点的重要历史图片；山东黄河河务局张春利，滨州黄河河务局刘恩荣、王占奎、苏德昌、卢振国、王明森、陈庭芳、董淑兰、李林秋、卜庆欣等离（退）休干部都积极选送图片，其中卢振国、李式平、李林秋参加了本图集的审稿和修订工作；滨州黄河河务局二级巡视员李忠专程到打渔张引黄闸、梯子坝、蒲湖等黄河工程和水利景区，为本图集拍摄图片。我们向以上同志表示衷心的感谢！

为黄河留影，让岁月留痕。历届地方党委、

政府都高度重视黄河的事情，黄河的工程建设、抗洪斗争，都是在滨州人民共同助力下进行的。人民治黄历经的黄河归故复堤运动、献砖献石运动、三次大复堤、标准化堤防建设，都是在地方党委、政府的统一领导下开展起来的，全民巡堤查险、军民团结抢险，取得了人民治黄以来伏秋大汛无决口的巨大成就，共同谱写了一曲曲水旱灾害防御的激昂凯歌。

黄河是一条伟大的河流，哺育着伟大的中华民族。人民治黄事业在血与火的焠练中一步步走来，在与水旱灾害的抗争中一步步走来。正是有了黄河人的殚精竭虑、默默奉献、无悔坚守，才迎来了一个伟大河流的新生。

我们力图把“印象”做成一件精美的艺术品，兼具文献性、知识性和趣味性，充满诗情画意，展示时代风貌。图集编辑过程中，滨州黄河河务局所属各单位、机关各科室积极配合，对编纂工作提出宝贵建议。黄河报社原社长、总编辑徐清华专程来滨州座谈共同编辑出版图集的意向，副社长都潇潇时刻关注编辑进程并提出指导意见，高级记者、编辑王继和等为图文架构贡献了大量时间和精力。惠民黄河河务局王安冉、耿鹏飞，博兴黄河河务局盛丽艳，滨城黄河河务局杨玲玲，邹平黄河河务局王利认真负责，广泛搜集、整理图片。各级领导全力提供后勤保障，为顺利完成编纂任务、出版质量上乘的图集创造必要条件。

在此，向所有关心、支持及参与这项工作的有关领导、专家学者、干部职工表示诚挚的敬意和衷心的感谢！由于时间急迫，成书略显仓促，遗漏、错讹之处在所难免，恳请读者批评指正！

编者

2021 年 5 月